高等院校海洋科学专业规划教材

U0388564

河口动力学理论与实践

Estuarine Dynamics: Theory and Practice

蔡华阳　杨清书◎编著

中山大学出版社
SUN YAT-SEN UNIVERSITY PRESS
·广州·

内容提要

本书主要介绍作者近几年在河口动力学，特别是潮波传播及径潮动力相互作用方面的理论成果与实践应用。在内容编排上着重阐述概化地形与简化动力条件下不同类型的解析理论模型及其应用，旨在揭示河口潮波动力的时空变化过程及其形成变化的机制。全书共分为三个部分，第一部分主要介绍潮优型河口潮波传播解析模型的理论发展、现状与应用（第一章至第八章），第二部分主要介绍河优型河口径潮动力的非线性相互作用及余水位解析理论模型与应用（第九章至第十章），第三部分主要介绍水动力与盐水入侵的耦合解析模型及其应用（第十一章至第十二章）。另外，第十三章简要给出了经典线性潮波理论的推导。本教材理论结合实践并附有相关的 MATLAB 程序代码，可用于海洋科学、水利工程、港口航道及水资源管理等相关专业研究生的培养，也可作为相关专业本科生的科研培训与入门教材。

图书在版编目（CIP）数据

河口动力学理论与实践/蔡华阳，杨清书编著. —广州：中山大学出版社，2019.8
（高等院校海洋科学专业规划教材）
ISBN 978 - 7 - 306 - 06598 - 8

Ⅰ.①河… Ⅱ.①蔡… ②杨… Ⅲ.①河口—流体动力学—高等学校—教材
Ⅳ.①TV143

中国版本图书馆 CIP 数据核字（2019）第 063502 号

Hekou Donglixue Lilun Yu Shijian

出 版 人：王天琪
策划编辑：梁嘉璐
责任编辑：梁嘉璐
封面设计：林绵华
责任校对：谢贞静
责任技编：何雅涛
出版发行：中山大学出版社
电　　话：编辑部 020 - 84111996，84113349，84111997，84110779
　　　　　发行部 020 - 84111998，84111981，84111160
地　　址：广州市新港西路 135 号
邮　　编：510275　　　传　　真：020 - 84036565
网　　址：http://www.zsup.com.cn　　E-mail：zdcbs@mail.sysu.edu.cn
印 刷 者：广州市友盛彩印有限公司
规　　格：787mm×1092mm　　1/16　　8.5 印张　　196.4 千字
版次印次：2019 年 8 月第 1 版　　2019 年 8 月第 1 次印刷
定　　价：25.50 元

《高等院校海洋科学专业规划教材》
编审委员会

总　序

　　海洋与国家安全和权益维护、人类生存和可持续发展、全球气候变化、油气和某些金属矿产等战略性资源保障等息息相关。贯彻落实"海洋强国"建设和"一带一路"倡议,不仅需要高端人才的持续汇集,实现关键技术的突破和超越,而且需要培养一大批了解海洋知识、掌握海洋科技、精通海洋事务的卓越拔尖人才。

　　海洋科学涉及领域极为宽广,几乎涵盖了传统所熟知的"陆地学科"。当前海洋科学更加强调整体观、系统观的研究思路,从单一学科向多学科交叉融合的趋势发展十分明显。在海洋科学的本科人才培养中,如何解决"广博"与"专深"的关系,十分关键。基于此,我们本着"博学专长"的理念,按照"243"思路,构建"学科大类→专业方向→综合提升"专业课程体系。其中,学科大类板块设置基础和核心2类课程,以培养宽广知识面,让学生掌握海洋科学理论基础和核心知识;专业方向板块从第四学期开始,按海洋生物、海洋地质、物理海洋和海洋化学4个方向,进行"四选一"分流,让学生掌握扎实的专业知识;综合提升板块设置选修课、实践课和毕业论文3个模块,以推动学生更自主、个性化、综合性地学习,提高其专业素养。

　　相对于数学、物理学、化学、生物学、地质学等专业,海洋科学专业开办时间较短,教材积累相对欠缺,部分课程尚无正式教材,部分课程虽有教材但专业适用性不理想或知识内容较为陈旧。我们基于"243"课程体系,固化课程内容,建设海洋科学专业系列教材:一是引进、翻译和出版 *Descriptive Physical Oceanography: An Introduction* (6 ed)(《物理海洋学·第6版》)、*Chemical Oceanography* (4 ed)(《化学海洋学·第4版》)、*Biological Oceanography* (2 ed)(《生物海洋学·第2版》)、*Introduction to Satellite Oceanography*(《卫星海洋学》)等原版教材;二是编著、出版《海洋植物学》《海洋仪器分析》《海岸动力地貌学》《海洋地图与测量学》《海洋污染与毒理》《海洋气象学》《海洋观测技术》《海洋油气地质学》等理论课教材;三是编著、出版《海洋沉积动力学实验》《海洋化学实验》《海洋动物学实验》《海洋生态学实验》《海洋微生物学实验》《海洋科学专业实习》《海洋科学综合实习》等实验教材或实习指导书，预计最终将出版 40 多部系列教材。

　　教材建设是高校的基础建设，对实现人才培养目标起着重要作用。在教育部、广东省和中山大学等教学质量工程项目的支持下，我们以教师为主体，及时把本学科发展的新成果引入教材，并突出以学生为中心，使教学内容更具针对性和适用性。谨此对所有参与系列教材建设的教师和学生表示感谢。

　　系列教材建设是一项长期持续的过程，我们致力于突出前沿性、科学性和适用性，并强调内容的衔接，以形成完整知识体系。

　　因时间仓促，教材中难免有所不足和疏漏，敬请不吝指正。

《高等院校海洋科学专业规划教材》编审委员会

前　　言

　　河口潮波传播过程及其机制是河口动力学的重要研究内容。基于线性化的一维圣维南方程组，经典的潮波传播线性理论表明，主要潮波传播变量（如潮位和流速的振幅）沿程呈指数衰减或增大。该结论是基于河口沿程水深和底床摩擦不变的假设条件得到的，是经典的潮波传播理论，是一种理想概化，这极大地限制了该理论在实际河口中的应用。

　　针对不同类型河口的地貌特征、径潮动力特征及其潮波传播过程的差异，据其进行适当概化，建立不同类型河口潮波传播的解析模型，如无限长河口潮波传播解析模型、有限长河口潮波传播解析模型等，采用解析模型方法揭示不同类型河口潮波传播机制。本教材基于作者近几年关于河口潮波传播解析理论的研究，主要从以下三个方面改进经典的潮波传播线性理论，为揭示潮波传播过程及其机制奠定基础：第一，基于拉格朗日体系，通过包络线方法构建解析模型，提出一个具有普适性的理论框架，使模型能够应用于不同类型的河口（潮优型、河优型），拓展解析模型的适应范围；第二，以河口径潮动力非线性作用的典型特征——余水位（即潮平均水位）为切入点，提出河口余水位及余水位梯度的分解理论，揭示河口复杂径潮动力的非线性作用机制及其关键影响因子，丰富河口动力学的研究内涵；第三，提出水动力与盐水入侵的耦合模型，为探究人类活动（如航道疏浚、取水工程等）和气候变化（如海平面上升）对河口动力系统及生态环境的影响提供一种快速而简便的方法。

　　本书分为十三章。第一章介绍理想型河口潮波传播的解析模型，阐述潮优型河口底床摩擦和河道辐聚效应对潮波传播过程的重要性。第二至五章介绍基于摩擦项的不同线性化方法的潮波传播过程及其解析模型，包括基于非线性摩擦项的准非线性潮波传播解析模型（第二章）、基于洛伦兹线性化摩擦项的经典线性潮波传播解析模型（第三章）、基于切比雪夫多项式分解方法的潮波传播解析模型（第四章），以及基于非线性摩擦项和洛伦兹线性化相结合的混合型潮波传播解析模型（第五章），同时指出河口潮波传播过程可用一个包含四个方程的非线性方程组来描述。第六章介绍不同潮波传播解析模型在底床摩擦和河道辐聚效应相平衡时的渐近行为。第七章介绍半封闭河口潮波传播过程，量化反射波对潮波传播的影响，建立解析模型。第八章介绍不同天文分潮驱动下的潮波传播及其解析模型。第九至十章介绍径流影响下潮波传播及其解析模型（第九章），以及余水位梯度解析分解方法（第十章）。第十一至十二章围绕河口潮波传播过程中的盐水入侵问题，在潮波传播解析模型的基础上耦合盐水入侵的解析模型（第十一章），同时介绍耦合径流预测模块的河口盐水入侵预测模型（第十二章）。第十三章介绍经典线性潮波传播理论的解析推导。

本书的出版得到国家重点研发计划"水资源高效开发利用"重点专项"珠江河口与河网演变机制及治理研究"项目和中山大学研究生课程建设项目的支持，同时得到中山大学海洋科学学院领导及河口海岸研究团队的关心和支持，在此表示衷心的感谢。限于编者水平，书中难免有错漏和不足之处，恳请读者批评指正，编者将在后续版本改进和完善。

编著者

2019 年 4 月

目　　录

第一章 理想型河口潮波如何传播

河口潮波传播是海岸带陆海相互作用的直接结果。在潮平均条件下，主要河口潮波变量（如潮波振幅变化率、流速振幅、波速以及水位与流速之间的相位差等）沿程发生变化，并对外力变化（径流和潮汐）和地形边界（宽度和水深的变化）产生响应。因此，进一步理解这些物理过程及机制，具有重要的海洋科学意义。

从能量守恒的角度出发，英国的 Green（1837）发现：在无摩擦且地形缓慢变化的条件下，河口潮波振幅 η 与 $B^{-1/2}h^{-1/4}$ 成正比（即格林定律），其中 B 和 h 分别表示河口宽度和水深。根据此定律，河口任意宽度的辐聚或者水深的沿程减小都必然导致潮波振幅的增大。显然，该结论并不适用于真实的河口，因为地形辐聚效应和底床摩擦效应均影响河口潮波传播。英国的亨特（1964）也探讨了在河口宽度和水深呈不同规律变化（常数、线性、幂函数和指数）的情况下的潮波传播规律，指出底床摩擦是导致水位与流速相位差沿程变化的主要因素。在此基础上，采用尺度分析方法，英国的 Prandle 和 Rahman（1980）以及 Prandle（1985）进一步探讨了在河口宽度和水深与距离呈幂函数和指数变化的情况下河口的响应过程。但是，他们采用相对复杂的贝塞尔函数来解析模型，并未明确地揭示河口对地形辐聚效应和底床摩擦效应的响应过程。后来，上述解析模型被不断地改进，地形和摩擦对河口潮波传播的影响机制才逐渐被理解（Jay，1991；Savenije et al.，2008；Toffolon 和 Savenije，2011）。

为进一步地理解河口潮波传播过程及其机制，笔者认为可以从探讨"理想型河口"潮波传播的解析解着手。如图 1.1 所示，对于无限长河口的情况（即不考虑上游径流和反射波影响），当主要潮波变量沿程不变时，可以定义该河口为"理想型河口"（Pillsbury，1956）。此时河口的特征表现为河口宽度沿程呈简单指数变化，即 $B = B_0 \cdot \exp(-x/b)$（x 为以口门为零点沿河流方向的距离，B_0 为口门处的宽度，b 为宽度的收敛长度），河口水深沿程不变，即 $h = h_0$（h_0 为口门处的水深），潮波的传播速度为 $c = c_0 = \sqrt{gh}$（g 为重力加速度，c_0 为无底床摩擦条件下横截面积不变的河口的潮波传播速度）；高潮位和高潮憩流之间（或低潮位和低潮憩流之间）的相位差 ε 满足 $\cot \varepsilon = c_0/(\omega b)$（$\omega$ 为潮波的频率），流速振幅与潮波振幅的关系为 $\upsilon = 1/c \cdot \eta g \sin \varepsilon$。

对上述"理想型河口"进行适当的尺度分析（Savenije et al.，2008），引入以下几个无量纲常数：$\gamma = c_0/(\omega b)$；$\mu = \upsilon h/(\eta c_0)$；$\lambda = c_0/c$。其中，$\gamma$ 为河口的形状参数（代表河口宽度辐聚程度），μ 为流速参数（代表实际流速振幅与无底床摩擦条件下横截面积不变的河口的流速振幅之间的比值），λ 为波速参数（代表无底床摩擦条件下横截面积不变的河口的潮波传播速度与实际潮波传播速度的比值）。"理想型河口"潮波传播的解析解为

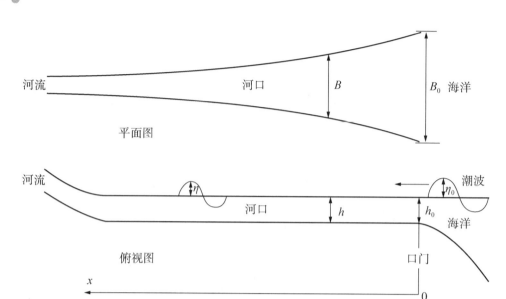

图 1.1 "理想型河口"形状示意

$$\gamma = \cot \varepsilon, \mu = \sin \varepsilon = \frac{\cos \varepsilon}{\gamma} = \sqrt{\frac{1}{1+\gamma^2}}, \lambda = 1 \qquad (1.1)$$

因此，给定口门处的潮波振幅 η 和地形条件（即 h_0 和 b），该解析解可以用于计算未知参数 ε 和 μ（或者流速振幅 υ）。因此，当河口横截面积不变（即 $\gamma = 0$）时，ε 趋近于 $\pi/2$，表示潮波性质趋近于前进波；而当河口宽度辐聚程度较大（即 $\gamma \to \infty$）时，ε 趋近于 0，表示潮波性质趋近于驻波。

"理想型河口"形成的动力机制实质上是地形辐聚效应引起的能量增加刚好和底床摩擦效应引起的能量耗散相平衡。采用经典的洛伦兹（Lorentz）线性化动量守恒方程中的非线性摩擦项，这种能量平衡可近似地表示为：$\gamma = 8\chi\mu/(3\pi)$，其中 χ 为摩擦参数（代表底床摩擦效应）。当 $\gamma > 8\chi\mu/(3\pi)$ 时，地形辐聚效应大于底床摩擦效应，潮波振幅将增大，反之潮波振幅将减小。基于"理想型河口"潮波传播的解析解，可进一步地探讨真实河口的潮波传播过程和机制。最为常用的是引入潮波振幅的指数变化规律，即 $\eta = \eta_0 \exp(x\delta\omega/c_0)$，其中 η_0 为口门处的潮波振幅，δ 为潮波增大或减小参数（表示潮波振幅的变化率）。经典线性潮波理论描述河口潮波振幅变化的公式如下（Cai, 2014）：

$$\delta = \frac{\gamma}{2} - \frac{4\chi\mu}{3\pi\lambda} \qquad (1.2)$$

由式（1.2）可知，前述格林定律实质上可表示为 $\delta = \gamma/2$（即 $\chi = 0$）的情形。

实例分析

表 1.1 列举了世界一些典型河口的地形（平均水深 h、河宽辐聚长度 b）和潮波参数（潮周期 T、无摩擦矩形河口潮波传播速度 c_0），通过式（1.1）估算出"理想型河口"条件下（即潮波衰减/增大率为 $\delta = 0$）主要潮波传播变量值，即流速参数 μ、高潮位与高潮憩流或低潮位与低潮憩流之间的相位差 ε。在实际河口中，μ 和 ε 都是相对难

以确定的重要河口参数，因此，式（1.1）提供了一个用于快速评估河口潮波特征的相对简单实用的方法。

表 1.1 "理想型河口"条件下（$\delta = 0$，$\lambda = 1$）不同河口的潮波传播特征值估算

编号	名称*	T/h	h/m	b/km	c_0/(m·s^{-1})	γ	μ	ε
1	Bristol Channel	12.4	45	65	21.01	2.30	0.40	23.53
2	Columbia	12.4	10	25	9.90	2.82	0.33	19.56
3	Delaware	12.5	5.8	40	7.54	1.35	0.59	36.52
4	Elbe	12.4	10	42	9.90	1.68	0.51	30.83
5	Fraser	12.4	9	215	9.40	0.31	0.95	72.78
6	Gironde	12.4	10	44	9.90	1.60	0.53	32.02
7	Hudson	12.4	9.2	140	9.50	0.48	0.90	64.28
8	Ord	12.0	4	15.2	6.26	2.83	0.33	19.44
9	Outer Bay of Fundy	12.4	60	230	24.26	0.75	0.80	53.16
10	Potomac	12.4	6	54	7.67	1.01	0.70	44.74
11	Scheldt	12.4	10.5	27	10.15	2.67	0.35	20.53
12	Severn	12.4	15	41	12.13	2.10	0.43	25.44
13	St. Lawrence	12.4	70	183	26.20	1.02	0.70	44.51
14	Tees	12.0	7.5	5.5	8.58	10.73	0.09	5.33
15	Thames	12.3	8.5	25	9.13	2.58	0.36	21.23
16	Gambia	12.4	8.7	121	9.24	0.54	0.88	61.54
17	Pungue	12.4	4.3	20	6.49	2.31	0.40	23.43
18	Lalang	12.4	10.6	217	10.20	0.33	0.95	71.57
19	Tha Chin	12.4	5.3	87	7.21	0.59	0.86	59.53
20	Incomati	12.4	3	42	5.42	0.92	0.74	47.47
21	Limpopo	12.4	7	50	8.29	1.18	0.65	40.35
22	Maputo	12.4	3.6	16	5.94	2.64	0.35	20.76
23	Chao Phya	12.4	8	109	8.86	0.58	0.87	60.01

* 数据来源于 Cai et al., 2012。

附录1：理想型河口潮波传播 MATLAB 经典程序

- **模型输入：**
  1）口门处潮波振幅与周期；2）河口平均水深；3）河口宽度辐聚长度。
- **模型输出：**
  1）河口潮波振幅；2）高潮与高潮憩流（或低潮与低潮憩流）之间的相位差。

● **模型示例：**

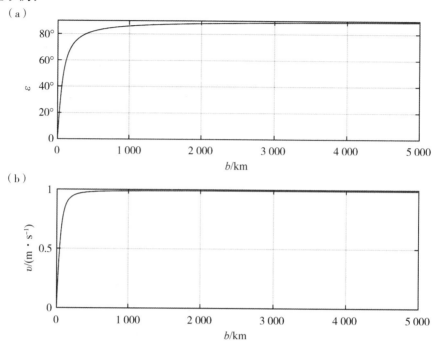

图 A1.1　高潮与高潮憩流（或低潮与低潮憩流）之间的相位差 ε（a）和
流速振幅 υ（b）随着河宽辐聚长度 b 的变化示意

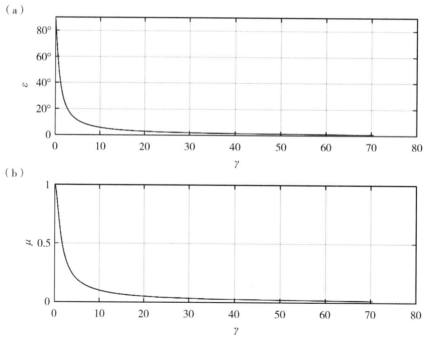

图 A1.2　高潮与高潮憩流（或低潮与低潮憩流）之间的相位差 ε（a）和
河口无量纲潮波振幅参数 μ（b）随着无量纲河口形状参数 γ 的变化示意

- **Matlab 代码：**
  - ➢ 有量纲程序代码（对应图 A1.1）

```matlab
% * * * * * * * * * Analytical model for an ideal estuary * * * * * * * * * * *
% * * * * * * * * * Output:
%            epsilon----> phase lag between high water and high water slack
%            upsilon----> velocity amplitude (m/s)
% * * * * * * * * * Input:
%              h0----> depth at the estuary mouth (m)
%              Lb----> width convergence (m)
%              eta0----> tidal amplitude at the estuary mouth (m)
% * * * * * * * * * * * * * * * * * * * * * * * * * * * * * * * * * * * * * *
% Author: Huayang Cai (caihy7@ mail. sysu. edu. cn)
% Date: 03/01/2019
% * * * * * * * * * * * * * * * * * * * * * * * * * * * * * * * * * * * * * *
clc, clear
close all
%%
% * * * * * * * * Constants * * * * * * * * * * * * * * * * * * * * * * * * * *
g = 9. 81; % gravity acceleration
T = 12. 42 * 3600; % tidal period
omega = 2 * pi. /T; % tidal frequency
% * * * * * * * * Input parameters * * * * * * * * * * * * * * * * * * * * * * *
h0 = 10; % depth at the estuary mouth
Lb = 1000: 10000: 5000000; % width convergence length
eta0 = 1; % tidal amplitude at the estuary mouth
%%
% * * * * * * * * * * * * * * * * Analytical solutions * * * * * * * * * * * * *
c0 = sqrt( g. * h0); % celerity
cot_epsilon = c0. /( omega. * Lb);
epsilon = acot( cot_epsilon); % phase lag between high water and high water slack
upsilon = eta0. * g. * sin( epsilon). /c0; % velocity amplitude
epsilon = epsilon. * 180. /pi;
Lb = Lb. /1000;
%%
% * * * * * * * * * * * * * * * * plot * * * * * * * * * * * * * * * * * * * * *
figure1 = figure;
subplot( 211)
plot( Lb, epsilon, ' - b')
```

```matlab
grid on
xlabel('\itb\rm\km')
ylabel('$\varepsilon/^\circ$','Interpreter','Latex')
ylim([0 90])
subplot(212)
plot(Lb,upsilon,'-b')
grid on
xlabel('\itb\rm/km')
ylabel('\it\upsilon\rm/(m·^{-1})')
annotation(figure1,'textbox','String',{'(a)'},'FitHeightToText','off',...
    'EdgeColor',[1 1 1],...
    'Position',[0.01769 0.9184 0.04351 0.0538]);
annotation(figure1,'textbox','String',{'(b)'},'FitHeightToText','off',...
    'EdgeColor',[1 1 1],...
    'Position',[0.01769 0.4583 0.04351 0.0538]);
```

➢ 无量纲程序代码（对应图 A1.2）

```matlab
% * * * * * * * * Analytical model for an ideal estuary * * * * * * * * * *
% * * * * * * * * * Output:
%           epsilon----> phase lag between high water and high water slack
%           mu----> dimensionless velocity amplitude (-)
% * * * * * * * * * Input:
%           h0----> depth at the estuary mouth (m)
%           Lb----> width convergence (m)
%           eta0----> tidal amplitude at the estuary mouth (m)
% * * * * * * * * * * * * * * * * * * * * * * * * * * * * * * * * * * * *
% Author: Huayang Cai (caihy7@mail.sysu.edu.cn)
% Date: 03/01/2019
% * * * * * * * * * * * * * * * * * * * * * * * * * * * * * * * * * * * *
clc, clear
close all
%%
% * * * * * * * Constants * * * * * * * * * * * * * * * * * * * * * * * * *
g = 9.81; % gravity acceleration
T = 12.42 * 3600; % tidal period
omega = 2 * pi./T; % tidal frequency
% * * * * * * * Input parameters * * * * * * * * * * * * * * * * * * * * * *
h0 = 10; % depth at the estuary mouth
Lb = 1000:1000:5000000; % width convergence length
```

```
eta0 = 1; % tidal amplitude at the estuary mouth
%%
% * * * * * * * * * * * * * * Analytical solutions * * * * * * * * * * *
c0 = sqrt( g. * h0) ; % celerity
gamma = c0. /( omega. * Lb) ; % dimensionless estuary shape number
cot_epsilon = gamma;
epsilon = acot( cot_epsilon) ; % phase lag between high water and high water slack
mu = sin( epsilon) ; % dimensionless velocity number
% mu = cos( epsilon) . /gamma;
% mu = sqrt( 1. /( 1 + gamma. ^2) ) ;
% upsilon = eta0. * g. * sin( epsilon) . /c0; % velocity amplitude
epsilon = epsilon. * 180. /pi;
Lb = Lb. /1000;
%%
% * * * * * * * * * plot * * * * * * * * * * * * * * * * * * * * * * *
figure1 = figure;
subplot( 211)
plot( gamma, epsilon, '−b')
grid on
xlabel( '\it\ gamma')
ylabel( '$\varepsilon/^\circ$', 'Interpreter', 'Latex')
ylim( [ 0 90] )
subplot( 212)
plot( gamma, mu, '−b')
grid on
xlabel( '\it\ gamma\ rm ( −) ')
ylabel( '\it\ mu\ rm ( −) ')
annotation( figure1, 'textbox', 'String', { '( a) '} , 'FitHeightToText', 'off', …
    'EdgeColor', [ 1 1 1] , …
    'Position', [ 0. 01769 0. 9184 0. 04351 0. 0538] ) ;
annotation( figure1, 'textbox', 'String', { '( b) '} , 'FitHeightToText', 'off', …
    'EdgeColor', [ 1 1 1] , …
    'Position', [ 0. 01769 0. 4583 0. 04351 0. 0538] ) ;
```

第二章　准非线性潮波传播解析模型

传统的河口潮波传播解析解历来是通过直接解一维圣维南方程组（St. Venant equations）得到的，即在简化动力和概化地形条件下，对动量守恒方程中非线性摩擦项进行线性化，从而推导得出潮波传播的理论解。其中，经典的线性化摩擦项是由荷兰著名物理学家 Lorentz（1926）首次提出的。他指出，对于理想型线性潮波 $U = v\sin(\omega t)$，其中 U 为河口断面平均流速，v 为潮波流速振幅，ω 为潮波频率，t 为时间，非线性摩擦项中的二次流速项可近似为断面平均流速的一阶项，即 $U|U| = 8/(3\pi) \cdot vU$。之后，同样来自荷兰的著名水利学家 Dronkers（1964），采用了切比雪夫（Chebyshev）多项式方法，将二次流速项分解成断面平均流速的一阶项和三阶项，即 $U|U| = 16/(15\pi) \cdot v^2$ $[U/v + 2(U/v)^3]$，具有更高的精度。一般认为，要得到潮波传播的理论解，线性化摩擦项是不可避免的。然而，荷兰学者 Savenije（2005，2012）创新性地应用拉格朗日体系，推导得出高潮位和低潮位特征时刻的包络线解析表达式，在没有对非线性摩擦项进行线性化的情况下，得到潮波振幅衰减的准非线性理论表达式。本章主要介绍这种准非线性潮波传播解析理论（详细推导可见 Savenije et al., 2008）。

虽然 Savenije 的准非线性模型并未对摩擦项进行线性化，但其目的依然是得到潮平均条件下的线性潮波理论解。假设一维概化河口的瞬时水位 H 和流速 U 可用简谐波描述：

$$H = \eta\cos(\omega t - \varphi_H) \tag{2.1}$$
$$U = v\cos(\omega t - \varphi_U) \tag{2.2}$$

式中，η 和 v 分别是水位和流速振幅，φ_H 和 φ_U 是它们的相位。在进行合理的无量纲化后，Savenije 引入 7 个无量纲常数：ζ 表示无量纲潮波振幅，γ 表示河口的形状参数，χ 表示河口的摩擦参数，μ 表示流速振幅参数，λ 表示波速参数，δ 表示潮波衰减（或增大）参数，ε 表示高潮位和高潮憩流（或低潮位与低潮憩流）之间的相位差，其中 ζ、γ 和 χ 为模型的输入变量，而其他参数为模型的输出变量。对于简谐波，$\varepsilon = \pi/2 - (\varphi_H - \varphi_U)$。无量纲参数的定义见表 2.1，式中 $\bar{h}$ 为河口断面平均水深，$c_0 = \sqrt{g\bar{h}/r_S}$ 为无摩擦条件下棱柱型河口浅水波速，r_S 为边滩系数（代表潮滩的影响，表示满槽宽度和平均宽度的比值），K 为 Manning-Strickler 摩擦因子。

表 2.1　准非线性模型所采用的无量纲参数表达式

模型输入	模型输出
$\zeta = \eta/\bar{h}$	$\mu = v/(r_S\zeta c_0) = v\bar{h}/(r_S\eta c_0)$
$\gamma = c_0/(\omega b)$	$\delta = c_0\mathrm{d}\eta/(\eta\omega\mathrm{d}x)$
$\chi = r_S c_0\zeta g/(K^2\omega\bar{h}^{4/3}) \cdot [1 - (1.33\zeta)^2]^{-1}$	$\lambda = c_0/c$
	$\varepsilon = \pi/2 - (\varphi_U - \varphi_H)$

基于上述无量纲参数，Savenije et al.（2008）经过一系列的推导，得到 4 个无量纲方程：

$$\tan \varepsilon = \frac{\lambda}{\gamma - \delta} \tag{2.3}$$

$$\mu = \frac{\sin \varepsilon}{\lambda} = \frac{\cos \varepsilon}{\gamma - \delta} \tag{2.4}$$

$$\delta = \frac{\mu^2}{\mu^2 + 1}(\gamma - \chi \mu^2 \lambda^2) \tag{2.5}$$

$$\lambda^2 = 1 - \delta \frac{\cos \varepsilon}{\mu} = 1 - \delta(\gamma - \delta) \tag{2.6}$$

其中，式（2.3）和式（2.4）分别代表相位（phase lag）方程和尺度（scaling）方程，是通过质量守恒方程得到的（Savenije，1992，1993a），式（2.5）代表潮波衰减（或增大）方程，式（2.6）是通过包络线方法结合质量与动量守恒方程得到的（Savenije，1998，2001），式（2.6）代表波速方程，是通过特征线方法得到的（Savenije 和 Veling，2005）。

由式（2.3）至式（2.6）组成的方程组有两组显式解（explicit solutions），分别对应混合潮波（mixed wave）和类驻波（apparent standing wave）。经过一系列代数计算（详细见 Savenije et al.，2008），可得关于流速振幅参数 μ 的解析表达式：

$$\mu = \sqrt{\frac{1}{3\chi}\left(m - \gamma + \frac{\gamma^2 - 6}{m}\right)} \tag{2.7}$$

$$m = \left[27\chi + (9 - \gamma^2) + 3\sqrt{3}\sqrt{27\chi^2 + 2(9 - \gamma^2)\gamma\chi + 8 - \gamma^2}\right]^{1/3} \tag{2.8}$$

在此基础上可得关于波速参数 λ、潮波衰减（增大）参数 δ、和相位差 ε 的解析表达式：

$$\lambda = \sqrt{\frac{\chi^2 \mu^4 - \gamma^2}{4} + 1} \tag{2.9}$$

$$\delta = \frac{\gamma - \chi \mu^2}{2} \tag{2.10}$$

$$\varepsilon = \arctan \frac{\lambda}{\gamma - \delta} \tag{2.11}$$

式（2.9）至式（2.11）为第二组显式解，对应无摩擦类驻波，此时波速趋于无穷大（$\lambda = 0$），高潮位和高潮憩流（或低潮位和低潮憩流）之间的相位差为 0（$\varepsilon = 0$），潮波的传播特性主要取决于河口宽度辐聚程度，即 γ：

$$\delta = \mu = \frac{1}{2}(\gamma - \sqrt{\gamma^2 - 4}), \gamma \geqslant 2 \tag{2.12}$$

图 2.1 显示 4 个主要潮波变量（μ、δ、λ、ε）在不同摩擦参数 χ 条件下随着河口形态参数 γ 的变化计算结果。由图 2.1 可见，由于采用两组显式解来描述潮波特征量的变化，因此 Savenije 的准非线性潮波解析模型，存在一个明显的特征形态参数 γ_c，导致得到的解析结果具有明显的不连续性。对于给定的摩擦参数 χ，特征形态参数 γ_c 可由以下公式计算：

$$\gamma_c = \frac{1}{3\chi}\left(\frac{m_1}{2} - 1 + 2\frac{12\chi^2 + 1}{m_1}\right) \tag{2.13}$$

$$m_1 = \left[36\chi^2(3\chi^2 + 8) - 8 + 12\chi\sqrt{3}\sqrt{(\chi^2 - 2)^2(27\chi^2 - 4)}\right]^{1/3} \quad (2.14)$$

反之，若给定特征形态参数 γ_c，则对应的特征摩擦参数可由以下公式计算：

$$\chi_c = \frac{1}{2}\gamma_c(\gamma_c^2 - 4) + \frac{\gamma_c^2 - 2}{2}\sqrt{\gamma_c^2 - 4} \quad (2.15)$$

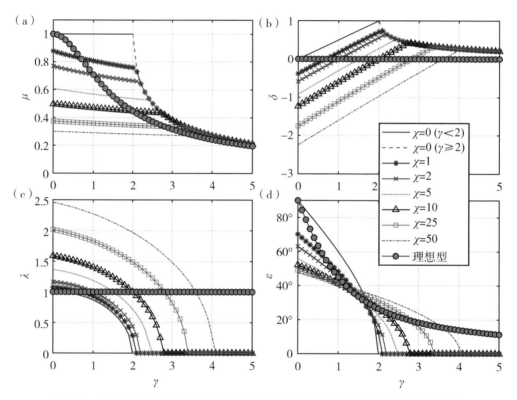

图 2.1　河口潮波传播过程主要潮波变量随河口形态参数 γ 和摩擦参数 χ 的变化

准非线性潮波解析模型还存在以下三种特殊情况下的解析解。

（1）无摩擦条件（即 $\chi = 0$）下的解析解。

$$\mu_f = 1, \ \delta_f = \gamma/2, \ \lambda_f = 1 - \gamma^2/4, \ \cos\varepsilon_f = \gamma/2 \quad (2.16)$$

（2）理想型河口条件（即 $\delta = 0$）下的解析解。

$$\mu_I = 1/(\gamma^2 + 1) = \gamma/\chi, \ \delta_I = 0, \ \lambda_I = 1, \ \tan\varepsilon_I = 1/\gamma \quad (2.17)$$

该情况下河口的摩擦效应与地形的辐聚效应刚好完全抵消，此时河口摩擦参数与形态参数的关系为

$$\chi_I = \gamma(\gamma^2 + 1) \quad (2.18)$$

（3）河口断面面积沿程不变条件（$\gamma = 0$）下的解析解。

$$\mu_0 = \sqrt{\frac{m_0^2 - 6}{3m_0\chi}}, \ \delta_0 = -\frac{m_0^2 - 6}{6m_0}, \ \lambda_0 = 1 + \left(\frac{m_0^2 - 6}{6m_0}\right)^2, \ \tan\varepsilon = \sqrt{1 + \left(\frac{6m_0}{m_0^2 - 6}\right)^2}$$

$$(2.19)$$

$$m_0 = 3\left(\chi + \sqrt{\chi^2 + \frac{8}{27}}\right)^{1/3} \tag{2.20}$$

图 2.2 显示了上述三种特殊情况下相位差 ε 及摩擦参数 χ 随河口形态参数 γ 的变化过程。

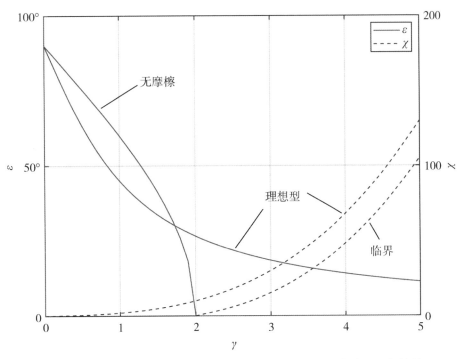

图 2.2　特殊情况条件（无摩擦条件、理想河口条件及临界条件）下相位差 ε
和摩擦参数 χ 随河口形态参数 γ 的变化过程

实例分析

以荷兰 Scheldt 潮优型河口为例，口门潮波振幅为 1.95 m，潮波周期为 44 000 s，河口计算总长度设为 180 km，根据河口实测地形分成两段进行概化：靠海一段（x 为 0～89 km）河口宽度收敛长度为 $b = 27$ km，水深恒为 12 m，$r_\mathrm{S} = 1.74$；靠河一段（x 为 90～180 km）$b = 18$ km，水深收敛长度为 $d = 30$ km，r_S 由 1.74 线性减小至 1。模型率定采用 Manning-Strickler 摩擦因子，靠海一段 $K = 32$ m$^{1/3} \cdot$ s^{-1}，靠河一段 $K = 20$ m$^{1/3} \cdot$ s^{-1}。图 2.3 显示模型计算结果与实测值之间的对比，结果表明解析模型能够较好地重构 Scheldt 河口潮波振幅衰减及传播速度的变化过程。图 2.4 为对应的 4 个主要无量纲潮波变量的沿程变化，其中在 $x = 89$ km 处出现明显的跳跃，这主要由于采用了两个不同的摩擦因子。

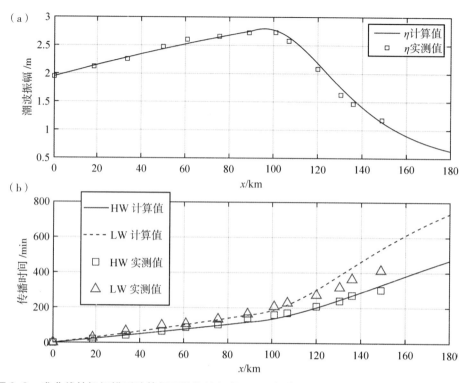

图2.3　准非线性解析模型计算得到的潮波振幅（a）与传播时间（b）与实测值之间的对比

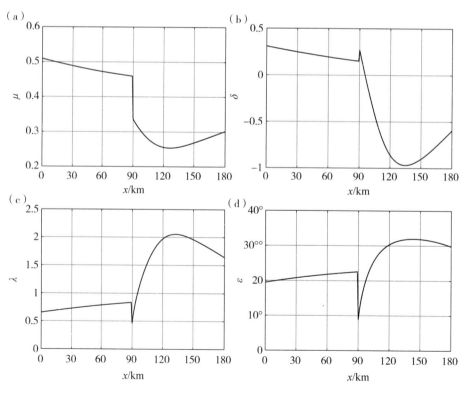

图2.4　Scheldt 河口主要无量纲潮波变量的沿程变化

附录 2：准非线性潮波传播 MATLAB 经典程序

- **模型输入：**

    1）无量纲摩擦参数；2）无量纲河口形状参数。

- **模型输出：**

    1）无量纲潮波衰减（增大）参数；2）无量纲波速参数；3）无量纲流速振幅参数；4）高潮与高潮憩流（或低潮与低潮憩流）之间的相位差。

- **模型示例：**

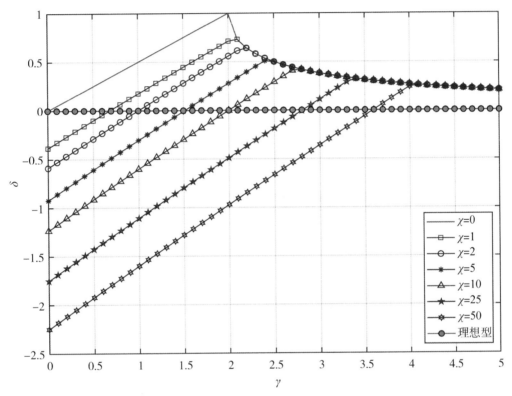

实心圆圈符号表示理想型河口情况（$\delta = 0$）。

图 A2.1　不同无量纲摩擦参数条件下无量纲潮波衰减（增大）参数 δ 与无量纲河口形状参数 γ 之间的关系

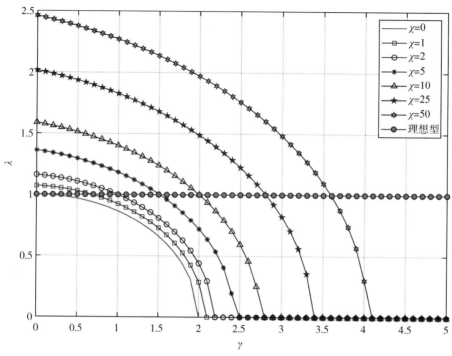

实心圆圈符号表示理想型河口情况（$\lambda = 1$）。

图 A2.2　不同无量纲摩擦参数条件下无量纲波速参数 λ 与无量纲河口形状参数 γ 之间的关系

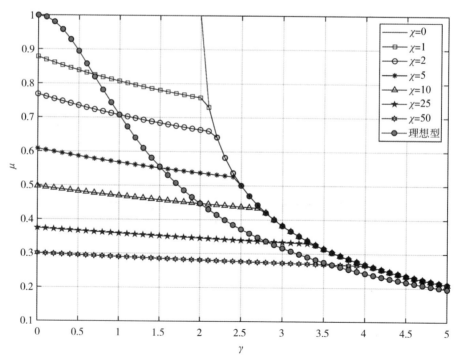

实心圆圈符号表示理想型河口情况 $\left[\mu = \sqrt{1/(\gamma^2+1)}\right]$。

图 A2.3　不同无量纲摩擦参数条件下无量纲流速振幅参数 μ 与无量纲河口形状参数 γ 之间的关系

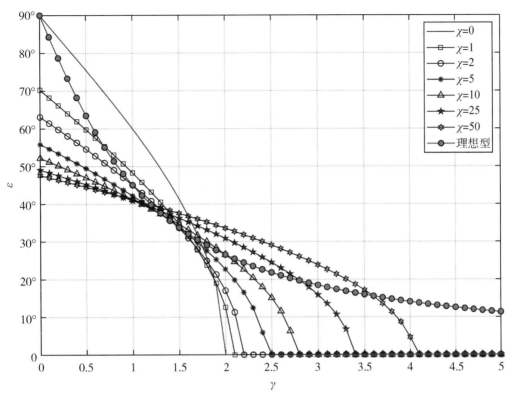

实心圆圈符号表示理想型河口情况〔$\varepsilon = \arctan(1/\gamma)$〕。

图 A2.4 不同无量纲摩擦参数条件下高潮与高潮憩流（或低潮与低潮憩流）之间的相位差 ε 与无量纲河口形状参数 γ 之间的关系

- Matlab 代码：
  ➤ 无量纲潮波衰减（增大）参数 δ（对应图 A2.1）

```
% * * * * * * * * Analytical model for a convergent estuary * * * * * * * *
% * * * * * * * * * Output:
%          delta----> dimensionless damping number（－）
% * * * * * * * * * Input:
%          chi----> dimensionless friction number（－）
%          gamma----> dimensionless estuary shape number（－）
% * * * * * * * * * * * * * * * * * * * * * * * * * * * * * * * * * * * * *
% Author: Huayang Cai（caihy7@ mail. sysu. edu. cn）
% Date: 03/01/2019
% * * * * * * * * * * * * * * * * * * * * * * * * * * * * * * * * * * * * *
clc, clear
close all
chi = [1 2 5 10 25 50]; % Dimensionless friction number
gamma = 0: 0. 1: 5; % Dimensionless estuary shape number
```

```
% * * * * * * * * * Frictionless Estuary
for i = 1: length( gamma)
    if( gamma( i) < = 2)
        mu0( i) = 1;
        delta0( i) = gamma( i) /2;
        lambda0( i) = sqrt( 1 - ( gamma( i) ^2) /4) ;
        epsilon0( i) = acos( gamma( i) /2) ;
    else
        mu0( i) = ( gamma( i) - sqrt( gamma( i) ^2 - 4) ) /2;
        delta0( i) = ( gamma( i) - sqrt( gamma( i) ^2 - 4) ) /2;
        lambda0( i) = 0;
        epsilon0( i) = 0;
    end
end
% * * * * * * * * * * * * * * plot * * * * * * * * * * * * * * * * * * * *
figure1 = figure;
plot( gamma, delta0, 'r - ')
hold on
xlabel( ' \ it \ gamma')
ylabel( ' \ it \ delta')
grid on
%% * * * * * * * * * * * * * * * * * * * * * * * Quasi - nonlinear solution
for j = 1: length( chi)
for i = 1: length( gamma)
    [ mu_sav( i) , delta_sav( i) , lambda_sav( i) , epsilon_sav( i) ] = f_sav_2008( gamma( i) ,
chi( j) ) ;
    end
        if( j = = 1)
        plot( gamma, delta_sav, ' - bs')
        elseif( j = = 2)
        plot( gamma, delta_sav, ' - bo')
        elseif( j = = 3)
        plot( gamma, delta_sav, ' - b * ')
        elseif( j = = 4)
        plot( gamma, delta_sav, ' - b^')
        elseif( j = = 5)
        plot( gamma, delta_sav, ' - bp')
        else
```

```
        plot( gamma, delta_sav, ' - bh')
        end
        hold on
    end
%%
% * * * * * * * * * * * * * * * * * * * * * * * * * Ideal Estuary
for j = 1: length( chi)
for i = 1: length( gamma)
for i = 1: length( gamma)
        mu_ideal( i) = sqrt( 1/( 1 + gamma( i)^2) );
        delta_ideal( i) = 0;
        lambda_ideal( i) = 1;
        epsilon_ideal( i) = atan( 1/gamma( i) );
        epsilon_pi_ideal( i) = epsilon_ideal( i)/pi;
        epsilon_cos_ideal( i) = cos( epsilon_ideal( i) );
    end
    plot( gamma, delta_ideal, ' - mo', 'MarkerEdgeColor', 'k', 'MarkerFaceColor', 'g')
    hold on
    end
    end
Xx = [ 0 1 2 5 10 25 50] ; % for legend plot
legend1 = legend( [ ' \ it \ chi \ rm = ', num2str( Xx(1)) ], [ ' \ it \ chi \ rm = ', num2str
( Xx(2)) ], [ ' \ it \ chi \ rm = ', num2str( Xx(3)) ], ...
        [ ' \ it \ chi \ rm = ', num2str( Xx(4)) ], [ ' \ it \ chi \ rm = ', num2str( Xx(5)) ],
[ ' \ it \ chi \ rm = ', num2str( Xx(6)) ], ...
        [ ' \ it \ chi \ rm = ', num2str( Xx(7)) ], '理想型', 'Location', 'SouthEast') ;
```

➢ 无量纲波速参数 λ（对应图 A2.2）

```
% * * * * * * * * * Analytical model for a convergent estuary * * * * * * * * *
% * * * * * * * * * * Output:
%           lambda----> dimensionless celerity number ( - )
% * * * * * * * * * * Input:
%           chi----> dimensionless friction number ( - )
%           gamma----> dimensionless estuary shape number ( - )
% * * * * * * * * * * * * * * * * * * * * * * * * * * * * * * * * * * * * * *
% Author: Huayang Cai ( caihy7@ mail. sysu. edu. cn)
% Date: 03/01/2019
% * * * * * * * * * * * * * * * * * * * * * * * * * * * * * * * * * * * * * *
clc, clear
```

```
close all
chi = [1 2 5 10 25 50]; % Dimensionless friction number
gamma = 0:0.1:5; % Dimensionless estuary shape number
% * * * * * * * * * * Frictionless Estuary
for i = 1:length(gamma)
    if(gamma(i) <= 2)
        mu0(i) = 1;
        delta0(i) = gamma(i)/2;
        lambda0(i) = sqrt(1 - (gamma(i)^2)/4);
        epsilon0(i) = acos(gamma(i)/2);
    else
        mu0(i) = (gamma(i) - sqrt(gamma(i)^2 - 4))/2;
        delta0(i) = (gamma(i) - sqrt(gamma(i)^2 - 4))/2;
        lambda0(i) = 0;
        epsilon0(i) = 0;
    end
end
% * * * * * * * * * * * * * * plot * * * * * * * * * * * * * * * * * * *
figure1 = figure;
plot(gamma, lambda0, 'r - ')
hold on
xlabel('\it\gamma')
ylabel('\it\lambda')
grid on
%% * * * * * * * * * * * * * * * * * * * * * * * * Quasi - nonlinear solution
for j = 1:length(chi)
for i = 1:length(gamma)
    [mu_sav(i), delta_sav(i), lambda_sav(i), epsilon_sav(i)] = f_sav_2008(gamma(i),
chi(j));
end
    if(j == 1)
    plot(gamma, lambda_sav, ' - bs')
    elseif(j == 2)
    plot(gamma, lambda_sav, ' - bo')
    elseif(j == 3)
    plot(gamma, lambda_sav, ' - b * ')
    elseif(j == 4)
    plot(gamma, lambda_sav, ' - b^')
```

```
        elseif( j = = 5)
        plot( gamma, lambda_sav, ' − bp')
        else
        plot( gamma, lambda_sav, ' − bh')
        end
        hold on
    end
%%
% * * * * * * * * * * * * * * * * * * * * * * * * * * * * * * Ideal Estuary
for j = 1 : length( chi)
for i = 1 : length( gamma)
for i = 1 : length( gamma)
        mu_ideal( i) = sqrt( 1 / ( 1 + gamma( i) ^2) ) ;
        delta_ideal( i) = 0;
        lambda_ideal( i) = 1;
        epsilon_ideal( i) = atan( 1 / gamma( i) ) ;
        epsilon_pi_ideal( i) = epsilon_ideal( i) / pi;
        epsilon_cos_ideal( i) = cos( epsilon_ideal( i) ) ;
    end
    plot( gamma, lambda_ideal, ' − mo', 'MarkerEdgeColor', 'k', 'MarkerFaceColor', 'g')
    hold on
    end
end
Xx = [ 0 1 2 5 10 25 50] ; % for legend plot
legend1 = legend( [ ' \ it \ chi \ rm = ', num2str( Xx( 1) ) ], [ ' \ it \ chi \ rm = ', num2str
( Xx( 2) ) ], [ ' \ it \ chi \ rm = ', num2str( Xx( 3) ) ], ...
        [ ' \ it \ chi \ rm = ', num2str( Xx( 4) ) ], [ ' \ it \ chi \ rm = ', num2str( Xx( 5) ) ],
[ ' \ it \ chi \ rm = ', num2str( Xx( 6) ) ], ...
        [ ' \ it \ chi \ rm = ', num2str( Xx( 7) ) ], '理想型', 'Location', 'Northeast') ;
```

➤ 无量纲流速振幅参数 μ（对应图 A2.3）

```
% * * * * * * * * * Analytical model for a convergent estuary * * * * * * * * *
% * * * * * * * * * * Output:
%               mu----> dimensionless velocity amplitude ( − )
% * * * * * * * * * * Input:
%               chi----> dimensionless friction number ( − )
%               gamma----> dimensionless estuary shape number ( − )
% * * * * * * * * * * * * * * * * * * * * * * * * * * * * * * * * * * * * *
% Author: Huayang Cai ( caihy7@ mail. sysu. edu. cn)
```

19

```
% Date:03/01/2019
% * * * * * * * * * * * * * * * * * * * * * * * * * * * * *
clc, clear
close all
chi = [1 2 5 10 25 50]; % Dimensionless friction number
gamma = 0:0.1:5; % Dimensionless estuary shape number
% * * * * * * * * * * Frictionless Estuary
for i = 1: length(gamma)
    if(gamma(i) < =2)
        mu0(i) = 1;
        delta0(i) = gamma(i)/2;
        lambda0(i) = sqrt(1 - (gamma(i)^2)/4);
        epsilon0(i) = acos(gamma(i)/2);
    else
        mu0(i) = (gamma(i) - sqrt(gamma(i)^2 - 4))/2;
        delta0(i) = (gamma(i) - sqrt(gamma(i)^2 - 4))/2;
        lambda0(i) = 0;
        epsilon0(i) = 0;
    end
end
% * * * * * * * * * * * * * plot * * * * * * * * * * * * * * * * * *
figure1 = figure;
plot(gamma, mu0, 'r - ')
hold on
xlabel('\it\gamma')
ylabel('\it\mu')
grid on
% % * * * * * * * * * * * * * * * * * * * * * * * * * * * * Quasi -
nonlinear solution
for j = 1: length(chi)
for i = 1: length(gamma)
    [mu_sav(i), delta_sav(i), lambda_sav(i), epsilon_sav(i)] = f_sav_2008(gamma(i),
chi(j));
    end
        if(j = =1)
        plot(gamma, mu_sav, ' - bs')
        elseif(j = =2)
        plot(gamma, mu_sav, ' - bo')
```

```
        elseif( j = = 3)
        plot( gamma, mu_sav, ′ − b ∗ ′)
        elseif( j = = 4)
        plot( gamma, mu_sav, ′ − b^′)
        elseif( j = = 5)
        plot( gamma, mu_sav, ′ − bp′)
        else
        plot( gamma, mu_sav, ′ − bh′)
        end
        hold on
end
% %
% ∗ ∗ ∗ ∗ ∗ ∗ ∗ ∗ ∗ ∗ ∗ ∗ ∗ ∗ ∗ ∗ ∗ ∗ ∗ ∗ ∗ ∗ ∗ ∗ ∗ ∗ ∗ Ideal Estuary
for j = 1: length( chi)
for i = 1: length( gamma)
for i = 1: length( gamma)
        mu_ideal( i) = sqrt( 1/( 1 + gamma( i)^2)) ;
        delta_ideal( i) = 0;
        lambda_ideal( i) = 1;
        epsilon_ideal( i) = atan( 1/gamma( i)) ;
        epsilon_pi_ideal( i) = epsilon_ideal( i)/pi;
        epsilon_cos_ideal( i) = cos( epsilon_ideal( i)) ;
end
plot( gamma, mu_ideal, ′ − mo′, ′MarkerEdgeColor′, ′k′, ′MarkerFaceColor′, ′g′)
hold on
end
end
Xx = [ 0 1 2 5 10 25 50] ; % for legend plot
legend1 = legend( [ ′ \ it \ chi \ rm = ′, num2str( Xx( 1)) ], [ ′ \ it \ chi \ rm = ′, num2str
( Xx( 2)) ], [ ′ \ it \ chi \ rm = ′, num2str( Xx( 3)) ], …
        [ ′ \ it \ chi \ rm = ′, num2str( Xx( 4)) ], [ ′ \ it \ chi \ rm = ′, num2str( Xx( 5)) ],
[ ′ \ it \ chi \ rm = ′, num2str( Xx( 6)) ], …
        [ ′ \ it \ chi \ rm = ′, num2str( Xx( 7)) ], ′理想型′, ′Location′, ′Northeast′) ;
```

➢ 高潮与高潮憩流（或低潮与低潮憩流）之间的相位差 ε（对应图 A2.4）

```
% ∗ ∗ ∗ ∗ ∗ ∗ ∗ ∗ ∗ Analytical model for a convergent estuary ∗ ∗ ∗ ∗ ∗ ∗ ∗ ∗ ∗
% ∗ ∗ ∗ ∗ ∗ ∗ ∗ ∗ ∗ Output:
%                epsilon----> phase lag between HW and HWS ( or LW and LWS)
% ∗ ∗ ∗ ∗ ∗ ∗ ∗ ∗ ∗ Input:
```

21

```matlab
%                chi----> dimensionless friction number ( - )
%                gamma----> dimensionless estuary shape number ( - )
% * * * * * * * * * * * * * * * * * * * * * * * * * * * * * * * * * * * *
% Author: Huayang Cai ( caihy7@ mail. sysu. edu. cn)
% Date: 03/01/2019
% * * * * * * * * * * * * * * * * * * * * * * * * * * * * * * * * * * * *
clc, clear
close all
chi = [ 1 2 5 10 25 50] ; % Dimensionless friction number
gamma = 0: 0. 1: 5; % Dimensionless estuary shape number
% * * * * * * * * * * Frictionless Estuary
for i = 1: length( gamma)
    if( gamma( i) < = 2)
        mu0( i) = 1;
        delta0( i) = gamma( i) /2;
        lambda0( i) = sqrt( 1 - ( gamma( i) ^2) /4) ;
        epsilon0( i) = acos( gamma( i) /2) ;
    else
        mu0( i) = ( gamma( i) - sqrt( gamma( i) ^2 - 4) ) /2;
        delta0( i) = ( gamma( i) - sqrt( gamma( i) ^2 - 4) ) /2;
        lambda0( i) = 0;
        epsilon0( i) = 0;
    end
end
epsilon0 = epsilon0. * 180. /pi;
% * * * * * * * * * * * * * * * plot * * * * * * * * * * * * * * * * * * *
figure1 = figure;
plot( gamma, epsilon0, 'r - ')
hold on
xlabel( ' \ it \ gamma')
ylabel( ' $ \ varepsilon/^ \ circ $ ', 'Interpreter', 'Latex')
grid on
%% * * * * * * * * * * * * * * * * * * * * * Quasi - nonlinear solution
for j = 1: length( chi)
for i = 1: length( gamma)
    [ mu_sav( i) , delta_sav( i) , lambda_sav( i) , epsilon_sav( i) ] = f_sav_2008( gamma( i) ,
chi( j) ) ;
    end
```

```
epsilon_sav = epsilon_sav. * 180. /pi;
    if( j = = 1)
    plot( gamma, epsilon_sav, ′ – bs′)
    elseif( j = = 2)
    plot( gamma, epsilon_sav, ′ – bo′)
    elseif( j = = 3)
    plot( gamma, epsilon_sav, ′ – b * ′)
    elseif( j = = 4)
    plot( gamma, epsilon_sav, ′ – b^′)
    elseif( j = = 5)
    plot( gamma, epsilon_sav, ′ – bp′)
    else
    plot( gamma, epsilon_sav, ′ – bh′)
    end
    hold on
end
%%
% * * * * * * * * * * * * * * * * * * * * * * * * * * * * * Ideal Estuary
for j = 1: length( chi)
for i = 1: length( gamma)
for i = 1: length( gamma)
    mu_ideal( i) = sqrt( 1/( 1 + gamma( i) ^2) );
    delta_ideal( i) = 0;
    lambda_ideal( i) = 1;
    epsilon_ideal( i) = atan( 1/gamma( i) );
    epsilon_pi_ideal( i) = epsilon_ideal( i) /pi;
    epsilon_cos_ideal( i) = cos( epsilon_ideal( i) );
end
epsilon_ideal = epsilon_ideal. * 180. /pi;
plot( gamma, epsilon_ideal, ′ – mo′, ′MarkerEdgeColor′, ′k′, ′MarkerFaceColor′, ′g′)
hold on
end
end
Xx = [ 0 1 2 5 10 25 50] ; % for legend plot
legend1 = legend( [ ′ \ it \ chi \ rm = ′, num2str( Xx( 1) )], [ ′ \ it \ chi \ rm = ′, num2str
( Xx( 2) )], [ ′ \ it \ chi \ rm = ′, num2str( Xx( 3) )], ...
    [ ′ \ it \ chi \ rm = ′, num2str( Xx( 4) )], [ ′ \ it \ chi \ rm = ′, num2str( Xx( 5) )],
[ ′ \ it \ chi \ rm = ′, num2str( Xx( 6) )], ...
    [ ′ \ it \ chi \ rm = ′, num2str( Xx( 7) )], ′理想型′, ′Location′, ′Northeast′);
```

第三章 经典线性潮波传播解析模型

河口潮波传播的经典解析理论大多数是基于洛伦兹线性化摩擦项的简化条件得到的。在过去几十年，不同学者通过各种方法推导得出潮波水位与流速的解析表达式（如 Hunt，1964；Ippen，1966；Prandle 和 Rahaman，1980；Jay，1991；Friedrichs 和 Aubrey，1994；Friedrichs，2010；Toffolon 和 Savenije，2011；Van Rijn，2011；Cai et al.，2012；Winterwerp 和 Wang，2013；Cat、Toffolon 和 Savenije，2016），理论上这些表达式对于相同的动力简化和地形概化条件所得的解应该是一致的。因此，笔者在本章中给出这些线性解的一种统一表达方式（详细可见 Cai，2014）。

经典线性潮波传播的解析解可通过解以下一个包含 4 个非线性方程的方程组得到。
波速方程：

$$\lambda^2 = 1 - \delta(\gamma - \delta) \tag{3.1}$$

潮波衰减（增大）方程：

$$\delta = \frac{\gamma}{2} - \frac{4}{3\pi}\frac{\chi\mu}{\lambda} \tag{3.2}$$

相位方程：

$$\tan\varepsilon = \frac{\lambda}{\gamma - \delta} \tag{3.3}$$

尺度方程：

$$\mu = \frac{\sin\varepsilon}{\lambda} = \frac{\cos\varepsilon}{\gamma - \delta} \tag{3.4}$$

式（3.1）和式（3.2）是通过质量与动量守恒方程相结合得到的，而式（3.3）和式（3.4）是通过质量守恒方程得到的。式（3.1）至式（3.4）代表经典线性潮波传播的解析表达式。与第二章中介绍的 Savenije 的准非线性解析解（Savenije et al.，2008）相比较，两者的差异仅在于潮波衰减（或增大）方程，原因在于经典线性解采用洛伦兹方法线性化摩擦项，而准非线性方法直接采用完全的非线性摩擦项。由于式（3.1）至式（3.4）不能得到显式解，因此需要采用数值方法（如牛顿-拉普林迭代方法）求解该方程组。

借助三角函数公式 $\cos^{-2}\varepsilon = 1 + \tan^2\varepsilon$，式（3.3）和式（3.4）可消去变量 ε，简化为

$$(\gamma - \delta)^2 = \frac{1}{\mu^2} - \lambda^2 \tag{3.5}$$

因此，实际计算过程只需要解由式（3.1）、式（3.2）和式（3.5）组成的包含 3 个未知数的非线性方程组。

表 3.1 归纳了经典线性潮波解析解的通解以及一些特殊情况下的解析表达式：无摩擦情况（$\chi = 0$，包括次临界辐聚条件 $\gamma < 2$ 以及超临界辐聚条件 $\gamma \geqslant 2$），断面沿程不变

情况（$\gamma=0$），以及理想河口情况（$\delta=0$），其中无摩擦及理想河口情况下的解析解与第二章介绍的准非线性模型完全一致。图 3.1 至图 3.4 为经典线性潮波解析模型与准非线性解析模型计算得到的无量纲潮波变量（衰减/增大参数 δ、流速振幅参数 μ、波速参数 λ 和相位差 ε）的对比结果，由图可见前者的计算结果是平滑连续的，而后者存在一个明显的特征形态参数（即 γ_c）并导致计算结果不连续。

为了揭示经典线性解析模型与准非线性解析模型的差异，可以将准非线性解析模型中的潮波衰减/增大方程 3.2 改写为如下公式（见 Cai et al., 2012）：

$$\delta = \frac{\gamma}{2} - \frac{1}{2}\frac{\chi\mu}{\lambda}\sin\varepsilon \tag{3.6}$$

对比式（3.2）与式（3.6），可以发现，当 $\sin\varepsilon = 8/(3\pi) \approx 0.85$（对应高潮位与高潮憩流或低潮位与低潮憩流之间的相位差约为 58°，对于 M_2 分潮，时间差约为 2 h）时，两者相同。

表 3.1　经典线性潮波传播解析表达式

	相位方程 $\tan\varepsilon$	尺度方程 μ	潮波衰减（或增大）方程 δ	波速方程 λ^2
通解	$\lambda/(\gamma-\delta)$	$\sin\varepsilon/\lambda = \cos\varepsilon/(\gamma-\delta)$	$\gamma/2 - 4\chi\mu/(3\pi\lambda)$	$1-\delta(\gamma-\delta)$
无摩擦（$\gamma<2$）	$\sqrt{\gamma^2/4-1}$	1	$\gamma/2$	$1-\gamma^2/4$
无摩擦（$\gamma\geqslant2$）	0	$(\gamma-\sqrt{\gamma^2-4})/2$	$(\gamma-\sqrt{\gamma^2-4})/2$	0
断面沿程不变	$-\lambda/\delta$	$\sin\varepsilon/\lambda = -\cos\varepsilon/\delta$	$-4\chi\mu/(3\pi\lambda)$	$1+\delta^2$
理想河口	$1/\gamma$	$\sqrt{1/(1+\gamma^2)} = 3\pi\gamma/(8\chi)$	0	1

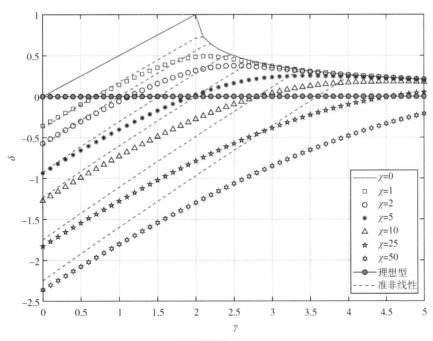

实心圆圈符号表示理想型河口情况 $[\mu = \sqrt{1/(1+\gamma^2)}]$，虚线表示准非线性解析模型的计算结果。

图 3.1　不同无量纲摩擦参数条件下经典线性解析模型计算得到的无量纲潮波衰减/增大参数 δ 与无量纲河口形状参数 γ 之间的关系

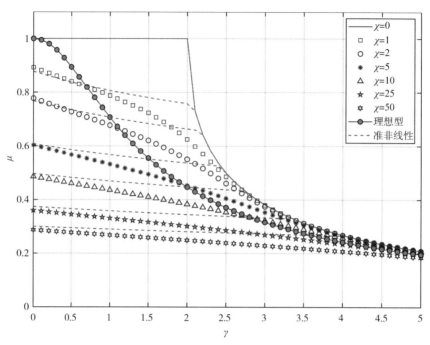

实心圆圈符号表示理想型河口情况（$\delta = 0$），虚线表示准非线性解析模型的计算结果。

图 3.2 不同无量纲摩擦参数条件下经典线性解析模型计算得到的无量纲流速振幅参数 μ 与无量纲河口形状参数 γ 之间的关系

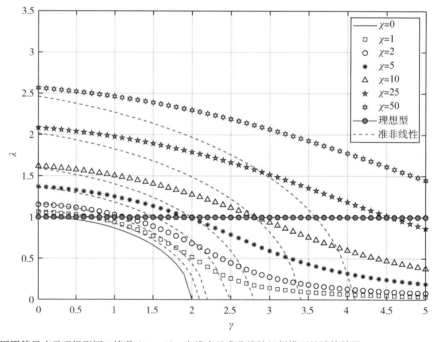

实心圆圈符号表示理想河口情况（$\lambda = 1$），虚线表示准非线性解析模型的计算结果。

图 3.3 不同无量纲摩擦参数条件下经典线性解析模型计算得到的无量纲波速参数 λ 与无量纲河口形状参数 γ 之间的关系

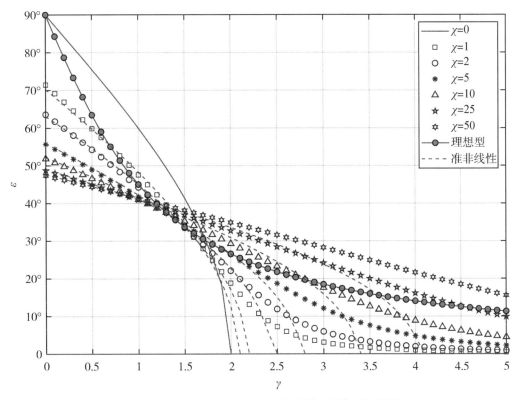

实心圆圈符号表示理想型河口情况（$\varepsilon = 1/\gamma$），虚线表示准非线性解析模型的计算结果。

图3.4 不同无量纲摩擦参数条件下经典线性解析模型计算得到的相位差 ε
与无量纲河口形状参数 γ 之间的关系

波速方程式（3.1）可用于探讨潮波传播速度随地形辐聚和潮波衰减/增大率的变化，其等值线图见图3.5。由图3.5可知，河口类型总体可以分成两类：若实际潮波传播速度大于无摩擦矩形河口的传播速度（即 $c > c_0$），则河口为潮波振幅增大型（$\delta > 0$）；否则，河口为潮波振幅衰减型（$c < c_0$，$\delta < 0$）。河口类型取决于河口辐聚和底床摩擦效应的相对强弱，当河口辐聚强于底床摩擦时，河口潮波振幅增大，反之，河口潮波振幅减小。根据式（3.1），还可知当河口为潮波振幅增大型（$\delta > 0$）时，若 $\gamma = \delta$，则实际潮波传播速度与无摩擦矩形河口潮波传播速度相同（即 $c = c_0$），这主要是因为河道辐聚效应与惯性效应相平衡（Jay, 1991）。

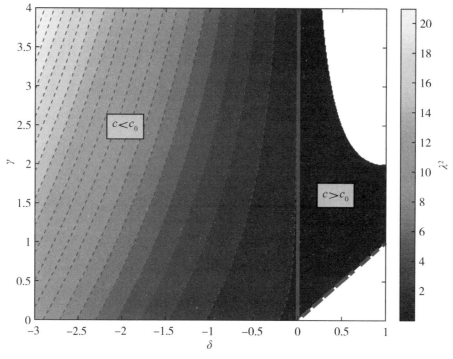

图3.5 无量纲波速参数的平方 λ^2 随潮波衰减／增大参数 δ 和河口形状参数 γ 的等值线变化

实例分析

同样以第二章采用的荷兰 Scheldt 河口为例。图3.6为经典线性解析模型计算结果与实测值的对比，结果表明该模型亦能够反演主要潮波变量的沿程变化。与第二章的准非线性模型不一样的是，模型率定采用的 Manning-Strickler 摩擦因子，靠海一段 $K = 50\ \mathrm{m}^{1/3}\cdot\mathrm{s}^{-1}$，靠河一段 $K = 25\ \mathrm{m}^{1/3}\cdot\mathrm{s}^{-1}$。率定的摩擦因子大小主要与采用的线性化摩擦公式有关，但是模型的计算结果基本一致，表明不同解析模型之间的差异可通过调整率定的摩擦因子 K 来相互抵消。图3.7为经典线性解析模型计算得到的4个主要无量纲潮波变量的沿程变化。

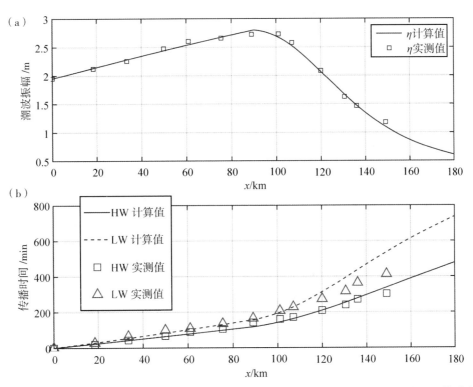

图 3.6 经典线性解析模型计算得到的潮波振幅（a）与传播时间（b）与实测值之间的对比

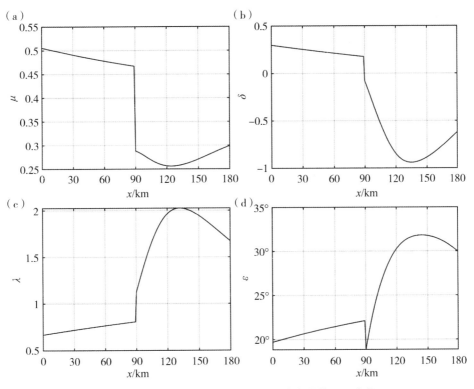

图 3.7 Scheldt 河口主要无量纲潮波变量的沿程变化

附录3：经典线性潮波传播 MATLAB 经典程序

- **模型输入：**

  1）无量纲摩擦参数；2）无量纲河口形状参数。

- **模型输出：**

  1）无量纲潮波衰减（增大）参数；2）无量纲波速参数；3）无量纲流速振幅参数；4）高潮与高潮憩流（或低潮与低潮憩流）之间的相位差。

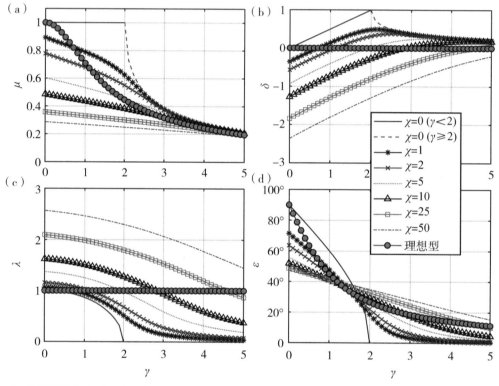

实心圆圈符号表示理想型河口情况（$\delta = 0$）。

图 A3.1　不同无量纲摩擦参数条件下主要无量纲潮波变量与无量纲河口形状参数 γ 之间的关系

- **Matlab 代码：**

  ➤ 经典线性潮波传播解析解（对应图 A3.1）

```
% * * * * * * * * * Analytical model for a convergent estuary * * * * * * * * *
% * * * * * * * * * Classical linear theory * * * * * * * * * * * * * * * * * *
% * * * * * * * * * Output:
%          mu----> dimensionless velocity amplitude ( - )
%          delta----> dimensionless damping number ( - )
%          lambda----> dimensionless celerity number ( - )
%          epsilon----> phase lag between HW and HWS ( or LW and LWS)
```

```
%　*　*　*　*　*　*　*　*　*　Input:
%                    chi----> dimensionless friction number ( − )
%                    gamma----> dimensionless estuary shape number ( − )
%　*　*　*　*　*　*　*　*　*　*　*　*　*　*　*　*　*　*　*　*　*　*　*　*　*　*　*　*　*
% Author:  Huayang Cai ( caihy7@ mail. sysu. edu. cn)
% Date: 03/01/2019
%　*　*　*　*　*　*　*　*　*　*　*　*　*　*　*　*　*　*　*　*　*　*　*　*　*　*　*　*　*
clc, clear
close all
chi = [ 1 2 5 10 25. 333 50] ; % friction number
gamma = 0: 0. 1: 2;  %  shape number
%　*　*　*　*　*　*　*　*　*　*　Frictionless Estuary
for i = 1: length( gamma)
        mu0( i) = 1;
        delta0( i) = gamma( i) /2;
        lambda0( i) = sqrt( 1 − ( gamma( i) ^2) /4) ;
        epsilon0( i) = acos( gamma( i) /2) ;
end
Gamma = 2: 0. 1: 5;  %  shape number
for i = 1: length( Gamma)
            mu_sav( i) = ( Gamma( i) − sqrt( Gamma( i) ^2 − 4) ) /2;
            delta_sav( i) = mu_sav( i) ;
            lambda_sav( i) = 0;
            epsilon_sav( i) = 0;
end
epsilon0 = epsilon0. /pi. *180;
% %
figure1 = figure;
subplot( 'position', [ 0. 08 0. 57 0. 4 0. 4] )
plot( gamma, mu0, 'b − ')
hold on
plot( Gamma, mu_sav, 'r--')
hold on
ylim( [ 0 1. 1] )
ylabel( ' \ it \ mu')
grid on
subplot( 'position', [ 0. 57 0. 57 0. 4 0. 4] )
plot( gamma, delta0, 'b − ')
```

31

```
hold on
plot( Gamma, delta_sav, 'r--')
hold on
ylabel( '\it\delta')
grid on
subplot( 'position', [0.08 0.10 0.4 0.4])
plot( gamma, lambda0, 'b-')
hold on
plot( Gamma, lambda_sav, 'r--')
hold on
xlabel( '\it\gamma')
ylabel( '\it\lambda')
grid on
subplot( 'position', [0.57 0.10 0.4 0.4])
plot( gamma, epsilon0, 'b-')
hold on
plot( Gamma, epsilon_sav, 'r--')
hold on
xlabel( '\it\gamma')
ylabel( '$$\varepsilon/^\circ$$', 'Interpreter', 'Latex')
grid on
%%
%***************Linear solution***************
gamma = 0:0.1:5;
for j = 1:length( chi)
for i = 1:length( gamma)
[ mu_new(i), delta_new(i), lambda_new(i), epsilon_new(i)] = f_linear( gamma(i),
chi(j));
    end
epsilon_new = epsilon_new./pi.*180;
if(j = = 1)
    subplot( 'position', [0.08 0.57 0.4 0.4])
    plot( gamma, mu_new, '-*b')
    hold on
    subplot( 'position', [0.57 0.57 0.4 0.4])
    plot( gamma, delta_new, '-*b')
    hold on
    subplot( 'position', [0.08 0.10 0.4 0.4])
```

```
plot( gamma, lambda_new, ' - * b')
hold on
subplot( 'position', [ 0. 57 0. 10 0. 4 0. 4] )
plot( gamma, epsilon_new, ' - * b')
hold on
elseif( j = =2)
subplot( 'position', [ 0. 08 0. 57 0. 4 0. 4] )
plot( gamma, mu_new, ' - xg', 'Color', [ 0 0. 498039215686275 0] )
hold on
subplot( 'position', [ 0. 57 0. 57 0. 4 0. 4] )
plot( gamma, delta_new, ' - xg', 'Color', [ 0 0. 498039215686275 0] )
hold on
subplot( 'position', [ 0. 08 0. 10 0. 4 0. 4] )
plot( gamma, lambda_new, ' - xg', 'Color', [ 0 0. 498039215686275 0] )
hold on
subplot( 'position', [ 0. 57 0. 10 0. 4 0. 4] )
plot( gamma, epsilon_new, ' - xg', 'Color', [ 0 0. 498039215686275 0] )
hold on
elseif( j = =3)
subplot( 'position', [ 0. 08 0. 57 0. 4 0. 4] )
plot( gamma, mu_new, ': m', 'Color', [ 0. 870588235294118 0. 490196078431373 0] )
hold on
subplot( 'position', [ 0. 57 0. 57 0. 4 0. 4] )
plot( gamma, delta_new, ': m', 'Color', [ 0. 870588235294118 0. 490196078431373 0] )
hold on
subplot( 'position', [ 0. 08 0. 10 0. 4 0. 4] )
plot( gamma, lambda_new, ': m', 'Color', [ 0. 870588235294118 0. 490196078431373 0] )
hold on
subplot( 'position', [ 0. 57 0. 10 0. 4 0. 4] )
plot( gamma, epsilon_new, ': m', 'Color', [ 0. 870588235294118 0. 490196078431373 0] )
hold on
elseif( j = =4)
subplot( 'position', [ 0. 08 0. 57 0. 4 0. 4] )
plot( gamma, mu_new, ' - ^k')
hold on
subplot( 'position', [ 0. 57 0. 57 0. 4 0. 4] )
plot( gamma, delta_new, ' - ^k')
hold on
```

```
subplot('position', [0. 08 0. 10 0. 4 0. 4])
plot(gamma, lambda_new, '-^k')
hold on
subplot('position', [0. 57 0. 10 0. 4 0. 4])
plot(gamma, epsilon_new, '-^k')
hold on
elseif(j ==5)
subplot('position', [0. 08 0. 57 0. 4 0. 4])
plot(gamma, mu_new, '-sy', 'Color', [0. 870588235294118  0. 490196078431373
0])
hold on
subplot('position', [0. 57 0. 57 0. 4 0. 4])
plot(gamma, delta_new, '-sy', 'Color', [0. 870588235294118  0. 490196078431373 0])
hold on
subplot('position', [0. 08 0. 10 0. 4 0. 4])
plot(gamma, lambda_new, '-sy', 'Color', [0. 870588235294118  0. 490196078431373 0])
hold on
subplot('position', [0. 57 0. 10 0. 4 0. 4])
plot(gamma, epsilon_new, '-sy', 'Color', [0. 870588235294118  0. 490196078431373
0])
hold on
else
subplot('position', [0. 08 0. 57 0. 4 0. 4])
plot(gamma, mu_new, '-. c', 'Color', [0. 501960784313725  0. 501960784313725
0. 501960784313725])
hold on
subplot('position', [0. 57 0. 57 0. 4 0. 4])
plot(gamma, delta_new, '-. c', 'Color', [0. 501960784313725  0. 501960784313725
0. 501960784313725])
hold on
subplot('position', [0. 08 0. 10 0. 4 0. 4])
plot(gamma, lambda_new, '-. c', 'Color', [0. 501960784313725  0. 501960784313725
0. 501960784313725])
hold on
subplot('position', [0. 57 0. 10 0. 4 0. 4])
plot(gamma, epsilon_new, '-. c', 'Color', [0. 501960784313725  0. 501960784313725
0. 501960784313725])
hold on
```

```
end
end
% * * * * * * * * * * * * * * * * * * * * * * * * * * Ideal Estuary
for i = 1 : length( gamma)
    mu_ideal( i) = sqrt( 1/( 1 + gamma( i) ^2) );
    delta_ideal( i) = 0;
    lambda_ideal( i) = 1;
    epsilon_ideal( i) = atan( 1/gamma( i) );
end
epsilon_ideal = epsilon_ideal. /pi. * 180;
subplot( 'position', [ 0. 08 0. 57 0. 4 0. 4] )
    plot( gamma, mu_ideal, ' - mo', 'MarkerEdgeColor', 'k', 'MarkerFaceColor', 'g')
    hold on
    subplot( 'position', [ 0. 57 0. 57 0. 4 0. 4] )
    plot( gamma, delta_ideal, ' - mo', 'MarkerEdgeColor', 'k', 'MarkerFaceColor', 'g')
    hold on
    subplot( 'position', [ 0. 08 0. 10 0. 4 0. 4] )
    plot( gamma, lambda_ideal, ' - mo', 'MarkerEdgeColor', 'k', 'MarkerFaceColor', 'g')
    hold on
    subplot( 'position', [ 0. 57 0. 10 0. 4 0. 4] )
    plot( gamma, epsilon_ideal, ' - mo', 'MarkerEdgeColor', 'k', 'MarkerFaceColor', 'g')
    hold on
    % %
    Xx = [ 0 1 2 5 10 25 50] ; % for legend plot
legend1 = legend( [ '\ it \ chi \ rm = ', num2str( Xx( 1) ), ' ( \ it \ gamma \ rm < 2) '], ...
    [ '\ it \ chi \ rm = ', num2str( Xx( 1) ), ' ( \ it \ gamma \ rm \ geq2) '], ...
    [ '\ it \ chi \ rm = ', num2str( Xx( 2) ) ], [ '\ it \ chi \ rm = ', num2str( Xx( 3) ) ], ...
    [ '\ it \ chi \ rm = ', num2str( Xx( 4) ) ], [ '\ it \ chi \ rm = ', num2str( Xx( 5) ) ],
[ '\ it \ chi \ rm = ', num2str( Xx( 6) ) ] , ...
    [ '\ it \ chi \ rm = ', num2str( Xx( 7) ) ] , '理想型') ;
set( legend1, 'Position', [ 0. 7333 0. 3506 0. 1739 0. 3333] , 'LineWidth', 1) ;
annotation( figure1, 'textbox', 'String', { '( a) '} , 'FitHeightToText', 'off', ...
    'EdgeColor', 'none', ...
    'Position', [ 0. 01769 0. 9109 0. 0449 0. 05195] ) ;
annotation( figure1, 'textbox', 'String', { '( c) '} , 'FitHeightToText', 'off', ...
    'EdgeColor', 'none', ...
    'Position', [ 0. 01769 0. 4378 0. 0449 0. 05195] ) ;
annotation( figure1, 'textbox', 'String', { '( b) '} , 'FitHeightToText', 'off', ...
```

```
'EdgeColor', 'none', …
    'Position', [0. 5086 0. 9109 0. 0449 0. 05195]);
annotation( figure1, 'textbox', 'String', {'( d) '}, 'FitHeightToText', 'off', …
    'EdgeColor', 'none', …
    'Position', [0. 5086 0. 4378 0. 0449 0. 05195]);
```

第四章 基于切比雪夫多项式分解方法的潮波传播解析模型

传统的河口潮波传播解析模型大多数基于洛伦兹的线性化摩擦项方法，即 $U|U| = 8/(3\pi) \cdot \upsilon U$，但是依然有少数学者另辟蹊径，采用其他方法对非线性摩擦项进行线性化，如 Dronkers（1964）采用切比雪夫多项式分解方法，将摩擦项中的二次流速项分解成一个一阶项和一个三阶项：

$$U|U| = \frac{16}{15\pi} \upsilon^2 \left[\frac{U}{\upsilon} + 2 \left(\frac{U}{\upsilon} \right)^3 \right] \tag{4.1}$$

由图 4.1 可以看出，切比雪夫多项式的线性化方法相比洛伦兹的线性化方法具有更高的精度，能够更好地拟合二次流速项的极值和变化趋势。

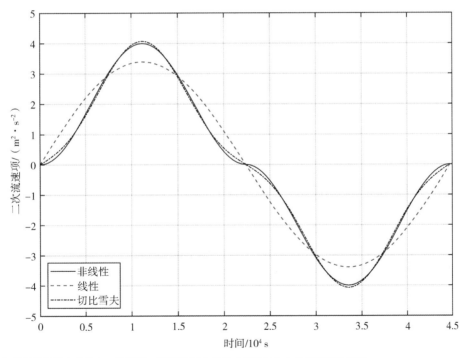

洛伦兹的线性化方法具有一阶精度，而切比雪夫多项式的线性化方法具有三阶精度。

图 4.1 摩擦项中二次流速项 $U|U|$ 的不同近似方法

基于式（4.1），河口潮波传播的解析解可通过解以下包含四个非线性方程的方程组得到（详细推导见 Cai et al., 2012）。

波速方程:

$$\lambda^2 = 1 - \delta(\gamma - \delta) \qquad (4.2)$$

潮波衰减(增大)方程:

$$\delta = \frac{\gamma}{2} - \frac{8}{15\pi}\frac{\chi\mu}{\lambda} - \frac{16}{15\pi}\chi\mu^3\lambda \qquad (4.3)$$

相位方程:

$$\tan\varepsilon = \frac{\lambda}{\gamma - \delta} \qquad (4.4)$$

尺度方程:

$$\mu = \frac{\sin\varepsilon}{\lambda} = \frac{\cos\varepsilon}{\gamma - \delta} \qquad (4.5)$$

表 4.1 归纳了基于切比雪夫多项式分解方法的潮波解析解的通解以及一些特殊情况下的解析表达式:无摩擦情况($\chi=0$,包括次临界辐聚条件 $\gamma<2$ 以及超临界辐聚条件 $\gamma\geqslant2$),断面沿程不变情况($\gamma=0$),以及理想河口情况($\delta=0$)。

表 4.1　基于切比雪夫多项式分解方法的潮波传播解析表达式

	相位方程 $\tan\varepsilon$	尺度方程 μ	潮波衰减(或增大)方程 δ	波速方程 λ^2
通解	$\lambda/(\gamma-\delta)$	$\sin\varepsilon/\lambda = \cos\varepsilon/(\gamma-\delta)$	$\dfrac{\gamma}{2} - \dfrac{8}{15\pi}\dfrac{\chi\mu}{\lambda} - \dfrac{16}{15\pi}\chi\mu^3\lambda$	$1-\delta(\gamma-\delta)$
无摩擦($\gamma<2$)	$\sqrt{\gamma^2/4-1}$	1	$\gamma/2$	$1-\gamma^2/4$
无摩擦($\gamma\geqslant2$)	0	$(\gamma-\sqrt{\gamma^2-4})/2$	$(\gamma-\sqrt{\gamma^2-4})/2$	0
断面沿程不变	$-\lambda/\delta$	$\sin\varepsilon/\lambda = -\cos\varepsilon/\delta$	$-\dfrac{8}{15\pi}\dfrac{\chi\mu}{\lambda} - \dfrac{16}{15\pi}\chi\mu^3\lambda$	$1+\delta^2$
理想河口	$1/\gamma$	$\sqrt{1/(1+\gamma^2)} = 3\pi\gamma/(8\chi)$	0	1

与第二章和第三章中介绍的 Savenije 的准非线性解析解(Savenije et al.,2008)和经典线性解析解(Cai et al.,2012)相比较,三者的差异仅在于潮波衰减(或增大)方程,原因在于所采用的非线性摩擦项近似方法不同。由式(4.2)至式(4.5)不能得到显式解,因此需要采用数值方法(如牛顿-拉普森迭代方法)求解该方程组。图 4.2 显示用不同摩擦项近似方法得到的潮波传播解析解之间的差异。由图 4.2 可以看出,对于较小河口形状参数值($\gamma<2$),切比雪夫多项式分解方法得到的理论解和准非线性方法(quasi-nonlinear)较为接近。洛伦兹线性化方法和切比雪夫多项式方法仅在较小($\gamma<0.5$)和较大($\gamma>2.5$)的河口形状参数时结果相近。

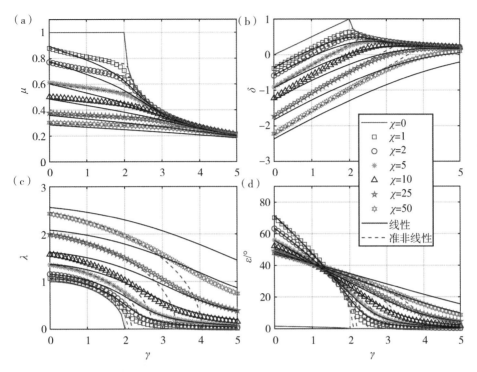

图 4.2　不同无量纲摩擦参数条件下主要无量纲潮波变量与无量纲河口形状参数 γ 之间的关系

实例分析

　　同样以第二章采用的荷兰 Scheldt 河口为例。图 4.3 为基于切比雪夫多项式分解方法的潮波解析模型计算结果与实测值的对比，结果表明该模型亦能够反演主要潮波变量的沿程变化。模型率定采用的 Manning-Strickler 摩擦因子，靠海一段 $K = 35$ m$^{1/3}$·s^{-1}，靠河一段 $K = 20$ m$^{1/3}$·s^{-1}，与第二章的准非线性模型基本一致。虽然率定的摩擦因子大小主要与采用的线性化摩擦公式有关，但是模型的计算结果基本一致，这表明不同解析模型之间的差异可通过调整率定的摩擦因子 K 来相互抵消。图 4.4 为经典线性解析模型计算得到的 4 个主要无量纲潮波变量的沿程变化。

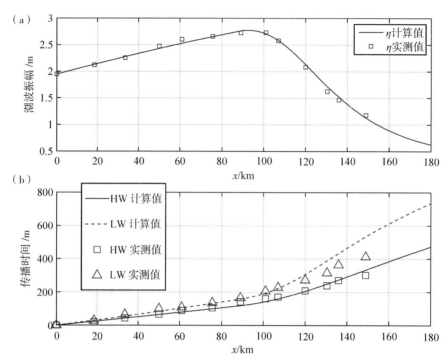

图 4.3　基于切比雪夫多项式分解方法的潮波解析模型计算得到的潮波振幅（a）
与传播时间（b）与实测值之间的对比

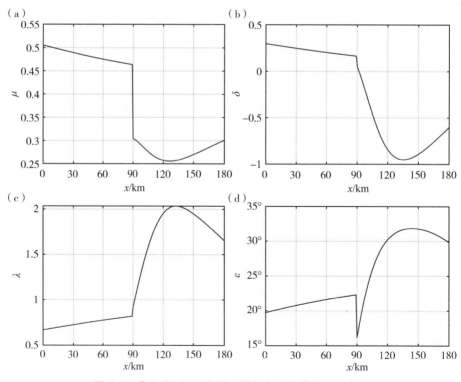

图 4.4　Scheldt 河口主要无量纲潮波变量的沿程变化

附录 4：基于切比雪夫多项式分解方法的潮波传播 MATLAB 经典程序

- **模型输入：**
  1）无量纲摩擦参数；2）无量纲河口形状参数。
- **模型输出：**
  1）无量纲潮波衰减（增大）参数；2）无量纲波速参数；3）无量纲流速振幅参数；4）高潮与高潮憩流（或低潮与低潮憩流）之间的相位差。
- **模型示例：**

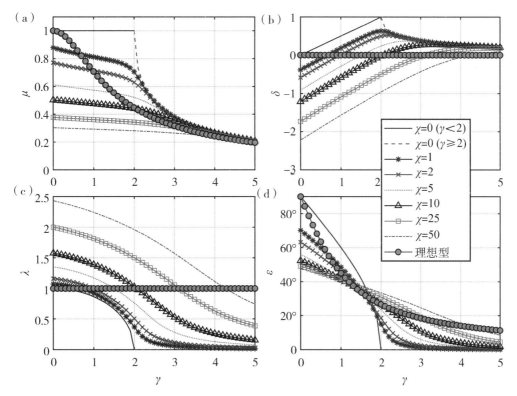

基于切比雪夫多项式分解方法的潮波传播解析解，实心圆圈符号表示理想型河口情况（$\delta = 0$）。

图 A4.1　不同无量纲摩擦参数条件下主要无量纲潮波变量与无量纲河口形状参数 γ 之间的关系

- **Matlab 代码：**
  ➢ 基于切比雪夫多项式分解方法的潮波传播解析解（对应图 A4.1）

```
% * * * * * * * Analytical model for a convergent estuary * * * * * * * * *
% * * * * * * * * * * Dronker's linearization * * * * * * * * * * * * * * * *
% * * * * * * * * * Output:
%          mu----> dimensionless velocity amplitude ( - )
%          delta----> dimensionless damping number ( - )
%          lambda----> dimensionless celerity number ( - )
```

```
%              epsilon----> phase lag between HW and HWS ( or LW and LWS)
% * * * * * * * * * Input:
%              chi----> dimensionless friction number ( − )
%              gamma----> dimensionless estuary shape number ( − )
% * * * * * * * * * * * * * * * * * * * * * * * * * * * * * * * * * *
% Author: Huayang Cai ( caihy7@ mail. sysu. edu. cn)
% Date: 03/01/2019
% * * * * * * * * * * * * * * * * * * * * * * * * * * * * * * * * * *
clc, clear
close all
chi = [ 1 2 5 10 25. 333 50] ; % friction number
gamma = 0: 0. 1: 2; % shape number
% * * * * * * * * * * Frictionless Estuary
for i = 1: length( gamma)
        mu0( i) = 1;
        delta0( i) = gamma( i) /2;
        lambda0( i) = sqrt( 1 − ( gamma( i) ^2) /4) ;
        epsilon0( i) = acos( gamma( i) /2) ;
end
Gamma = 2: 0. 1: 5; % shape number
for i = 1: length( Gamma)
        mu_sav( i) = ( Gamma( i) − sqrt( Gamma( i) ^2 − 4) ) /2;
        delta_sav( i) = mu_sav( i) ;
        lambda_sav( i) = 0;
        epsilon_sav( i) = 0;
end
epsilon0 = epsilon0. /pi. * 180;
% %
figure1 = figure;
subplot( 'position', [ 0. 08 0. 57 0. 4 0. 4] )
plot( gamma, mu0, 'b − ')
hold on
plot( Gamma, mu_sav, 'r--')
hold on
ylim( [ 0 1. 1] )
ylabel( ' \ it \ mu')
grid on
subplot( 'position', [ 0. 57 0. 57 0. 4 0. 4] )
```

```
plot( gamma, delta0, 'b − ')
hold on
plot( Gamma, delta_sav, 'r--')
hold on
ylabel( ' \ it \ delta')
grid on
subplot( 'position', [0. 08 0. 10 0. 4 0. 4])
plot( gamma, lambda0, 'b − ')
hold on
plot( Gamma, lambda_sav, 'r--')
hold on
xlabel( ' \ it \ gamma')
ylabel( ' \ it \ lambda')
grid on
subplot( 'position', [0. 57 0. 10 0. 4 0. 4])
plot( gamma, epsilon0, 'b − ')
hold on
plot( Gamma, epsilon_sav, 'r--')
hold on
xlabel( ' \ it \ gamma')
ylabel( ' $ \ varepsilon/^ \ circ $ ', 'Interpreter', 'Latex')
grid on
% %
% * * * * * * * * * Dronkers' solution * * * * * * * * * * * * * * * * * * *
gamma = 0: 0. 1: 5;
for j = 1: length( chi)
for i = 1: length( gamma)
[ mu_dronkers( i), delta_dronkers( i), lambda_dronkers( i), epsilon_dronkers( i)] = f_
dronkers( gamma( i), chi( j));
    end
epsilon_dronkers = epsilon_dronkers. /pi. * 180;
if( j = = 1)
    subplot( 'position', [0. 08 0. 57 0. 4 0. 4])
    plot( gamma, mu_dronkers, ' − * b')
    hold on
    subplot( 'position', [0. 57 0. 57 0. 4 0. 4])
    plot( gamma, delta_dronkers, ' − * b')
    hold on
```

```
subplot('position', [0.08 0.10 0.4 0.4])
plot(gamma, lambda_dronkers, '-*b')
hold on
subplot('position', [0.57 0.10 0.4 0.4])
plot(gamma, epsilon_dronkers, '-*b')
hold on
elseif(j==2)
subplot('position', [0.08 0.57 0.4 0.4])
plot(gamma, mu_dronkers, '-xg', 'Color', [0 0.498039215686275 0])
hold on
subplot('position', [0.57 0.57 0.4 0.4])
plot(gamma, delta_dronkers, '-xg', 'Color', [0 0.498039215686275 0])
hold on
subplot('position', [0.08 0.10 0.4 0.4])
plot(gamma, lambda_dronkers, '-xg', 'Color', [0 0.498039215686275 0])
hold on
subplot('position', [0.57 0.10 0.4 0.4])
plot(gamma, epsilon_dronkers, '-xg', 'Color', [0 0.498039215686275 0])
hold on
elseif(j==3)
subplot('position', [0.08 0.57 0.4 0.4])
plot(gamma, mu_dronkers, ': m', 'Color', [0.870588235294118 0.490196078431373
0])
hold on
subplot('position', [0.57 0.57 0.4 0.4])
plot(gamma, delta_dronkers, ': m', 'Color', [0.870588235294118 0.490196078431373
0])
hold on
subplot('position', [0.08 0.10 0.4 0.4])
plot(gamma, lambda_dronkers, ': m', 'Color', [0.870588235294118 0.490196078431373
0])
hold on
subplot('position', [0.57 0.10 0.4 0.4])
plot(gamma, epsilon_dronkers, ': m', 'Color', [0.870588235294118 0.490196078431373
0])
hold on
elseif(j==4)
subplot('position', [0.08 0.57 0.4 0.4])
```

```
plot( gamma, mu_dronkers, '−ˆk')
hold on
subplot('position',[0. 57 0. 57 0. 4 0. 4])
plot( gamma, delta_dronkers, '−ˆk')
hold on
subplot('position',[0. 08 0. 10 0. 4 0. 4])
plot( gamma, lambda_dronkers, '−ˆk')
hold on
subplot('position',[0. 57 0. 10 0. 4 0. 4])
plot( gamma, epsilon_dronkers, '−ˆk')
hold on
elseif( j = =5)
subplot('position',[0. 08 0. 57 0. 4 0. 4])
plot( gamma, mu_dronkers, '−sy', 'Color',[0. 870588235294118 0. 490196078431373
0])
hold on
subplot('position',[0. 57 0. 57 0. 4 0. 4])
plot( gamma, delta_dronkers, '−sy', 'Color',[0. 870588235294118 0. 490196078431373
0])
hold on
subplot('position',[0. 08 0. 10 0. 4 0. 4])
plot( gamma, lambda_dronkers, '−sy', 'Color',[0. 870588235294118 0. 490196078431373
0])
hold on
subplot('position',[0. 57 0. 10 0. 4 0. 4])
plot( gamma, epsilon_dronkers, '−sy', 'Color',[0. 870588235294118 0. 490196078431373
0])
hold on
else
subplot('position',[0. 08 0. 57 0. 4 0. 4])
plot( gamma, mu_dronkers, '−. c', 'Color',[0. 501960784313725 0. 501960784313725
0. 501960784313725])
hold on
subplot('position',[0. 57 0. 57 0. 4 0. 4])
plot( gamma, delta_dronkers, '−. c', 'Color',[0. 501960784313725 0. 501960784313725
0. 501960784313725])
hold on
subplot('position',[0. 08 0. 10 0. 4 0. 4])
```

```matlab
    plot( gamma, lambda_dronkers, '-.c', 'Color', [0.501960784313725 0.501960784313725
0.501960784313725])
        hold on
        subplot( 'position', [0.57 0.10 0.4 0.4])
        plot( gamma, epsilon_dronkers, '-.c', 'Color', [0.501960784313725 0.501960784313725
0.501960784313725])
        hold on
    end
    end
    % * * * * * * * * * * * * * * * * * * * * * * * * * *Ideal Estuary
    for i = 1: length( gamma)
        mu_ideal( i) = sqrt( 1/( 1 + gamma( i)^2) ) ;
        delta_ideal( i) = 0;
        lambda_ideal( i) = 1;
        epsilon_ideal( i) = atan( 1/gamma( i) ) ;
    end
    epsilon_ideal = epsilon_ideal./pi. * 180;
    subplot( 'position', [0.08 0.57 0.4 0.4])
        plot( gamma, mu_ideal, '-mo', 'MarkerEdgeColor', 'k', 'MarkerFaceColor', 'g')
        hold on
        subplot( 'position', [0.57 0.57 0.4 0.4])
        plot( gamma, delta_ideal, '-mo', 'MarkerEdgeColor', 'k', 'MarkerFaceColor', 'g')
        hold on
        subplot( 'position', [0.08 0.10 0.4 0.4])
        plot( gamma, lambda_ideal, '-mo', 'MarkerEdgeColor', 'k', 'MarkerFaceColor', 'g')
        hold on
        subplot( 'position', [0.57 0.10 0.4 0.4])
        plot( gamma, epsilon_ideal, '-mo', 'MarkerEdgeColor', 'k', 'MarkerFaceColor', 'g')
        ylim( [0 90])
        hold on
        %%
        Xx = [0 1 2 5 10 25 50]; % for legend plot
    legend1 = legend( [' \ it \ chi \ rm = ', num2str( Xx( 1) ), ' ( \ it \ gamma \ rm < 2) '], ...
        [' \ it \ chi \ rm = ', num2str( Xx( 1) ), ' ( \ it \ gamma \ rm \ geq2) '], ...
        [' \ it \ chi \ rm = ', num2str( Xx( 2) ) ], [' \ it \ chi \ rm = ', num2str( Xx( 3) ) ], ...
        [' \ it \ chi \ rm = ', num2str( Xx( 4) ) ], [' \ it \ chi \ rm = ', num2str( Xx( 5) ) ],
[' \ it \ chi \ rm = ', num2str( Xx( 6) ) ], ...
        [' \ it \ chi \ rm = ', num2str( Xx( 7) ) ], '理想型');
```

```
set( legend1, 'Position', [0. 7333 0. 3506 0. 1739 0. 3333], 'LineWidth', 1);
annotation( figure1, 'textbox', 'String', {'( a)'}, 'FitHeightToText', 'off', …
    'EdgeColor', 'none', …
    'Position', [0. 01769 0. 9109 0. 0449 0. 05195]);
annotation( figure1, 'textbox', 'String', {'( c)'}, 'FitHeightToText', 'off', …
    'EdgeColor', 'none', …
    'Position', [0. 01769 0. 45 0. 0449 0. 05195]);
annotation( figure1, 'textbox', 'String', {'( b)'}, 'FitHeightToText', 'off', …
    'EdgeColor', 'none', …
    'Position', [0. 48 0. 9109 0. 0449 0. 05195]);
annotation( figure1, 'textbox', 'String', {'( d)'}, 'FitHeightToText', 'off', …
    'EdgeColor', 'none', …
    'Position', [0. 48 0. 45 0. 0449 0. 05195]);
```

第五章 混合型潮波传播解析模型

第二章至第四章介绍的不同类型的潮波传播解析模型表明，只要给定合适的线性化摩擦项公式（如准非线性、经典线性或者切比雪夫多项式），通过构建的拉格朗日理论框架，就能够得到潮波传播的解析解。笔者于 2012 年根据这一理论框架，尝试将之与一维数值模拟结果进行对比，以寻求一个最优型的线性化摩擦项公式。结果表明，取 2/3 的准非线性摩擦项和 1/3 的经典线性化摩擦项，解析模型计算结果与数值模拟结果最为接近，即混合型摩擦项公式：

$$U|U| = \frac{2}{3}U|U| + \frac{1}{3}\frac{8}{3\pi}\upsilon U \tag{5.1}$$

基于式（5.1），河口潮波传播的解析解可通过解以下包含四个非线性方程的方程组得到（详细推导见 Cai et al. , 2012）。

波速方程：

$$\lambda^2 = 1 - \delta(\gamma - \delta) \tag{5.2}$$

潮波衰减（增大）方程：

$$\delta = \frac{\gamma}{2} - \frac{4}{9\pi}\frac{\chi\mu}{\lambda} - \frac{\chi\mu^2}{3} \tag{5.3}$$

相位方程：

$$\tan\varepsilon = \frac{\lambda}{\gamma - \delta} \tag{5.4}$$

尺度方程：

$$\mu = \frac{\sin\varepsilon}{\lambda} = \frac{\cos\varepsilon}{\gamma - \delta} \tag{5.5}$$

式（5.3）和基于切比雪夫多项式的潮波衰减/增大方程具有较大的相似，可改写如下：

$$\delta = \frac{\gamma}{2} - \frac{2}{5}\frac{4}{3\pi}\frac{\chi\mu}{\lambda} - \frac{32}{15\pi}\sin\varepsilon \cdot \frac{1}{2}\chi\mu^2 \tag{5.6}$$

式（5.6）可认为是经典线性理论与准非线性潮波衰减/增大方程的一种组合，此时，经典线性理论所占的比重为 2/5（即 0.4），而准非线性理论所占比重为 $0.6 = 32/(15\pi) \cdot \sin\varepsilon$，其中 $\sin\varepsilon \approx 0.88$。

表 5.1 总结归纳了第二章至第五章所用线性化摩擦项公式及其对应的潮波衰减/增大方程。从数学理论的完备性来看，可选取基于切比雪夫多项式方法的线性化摩擦项公式及其对应的解析解，因为该方法具有较好的数学背景，虽然基于混合型公式的解析结果与数值模拟最为接近。而从工程实践应用来看，笔者认为经典的线性化潮波理论已经

48

有足够精度，且该解析模型更为简洁利落。

表 5.1 不同线性化摩擦项公式及其对应的潮波衰减/增大方程

模型	线性化摩擦项公式	潮波衰减/增大方程
准非线性	$U\|U\|/(K^2 h^{4/3})$	$\delta = \gamma/2 - \chi\mu^2/2$
线性	$8\upsilon U/(3\pi K^2 \bar{h}^{4/3})$	$\delta = \gamma/2 - 4\chi\mu/(3\pi\lambda)$
切比雪夫	$16\upsilon^2 [U/\upsilon + 2(U/\upsilon)^3]/(15\pi K^2 \bar{h}^{4/3})$	$\delta = \gamma/2 - 8\chi\mu/(15\pi\lambda) - 16\chi\mu^3\lambda/(15\pi)$
混合型	$2U\|U\|/(3K^2 h^{4/3}) + 8\upsilon U/(9\pi K^2 \bar{h}^{4/3})$	$\delta = \gamma/2 - 4\chi\mu/(9\pi\lambda) - \chi\mu^2/3$

图 5.1 至图 5.4 显示不同类型潮波传播解析模型计算所得的 4 个主要无量纲潮波变量（μ、δ、λ、ε）随河口形态参数 γ 和摩擦参数 χ 的等值线变化。其中，γ 和 χ 的变化范围分别是 $0\sim 50$ 和 $0\sim 5$，已经能够描述世界上大部分河口。由图 5.1 至图 5.4 可见，不同类型潮波传播解析模型在摩擦参数 χ 较小（$\chi<2$）情况下的计算结果基本一致。在 4 种不同类型潮波传播解析模型中，除了 Savenije 的准非线性解析解存在明显的不连续性，其余 3 种计算结果均是连续的。

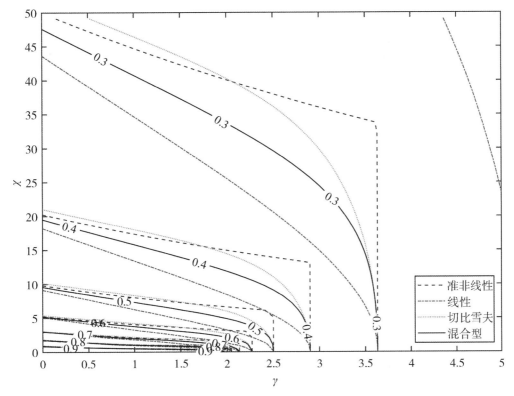

图 5.1 不同类型潮波传播解析模型计算得到的流速振幅参数 μ 在 $\gamma-\chi$ 平面上的等值线分布

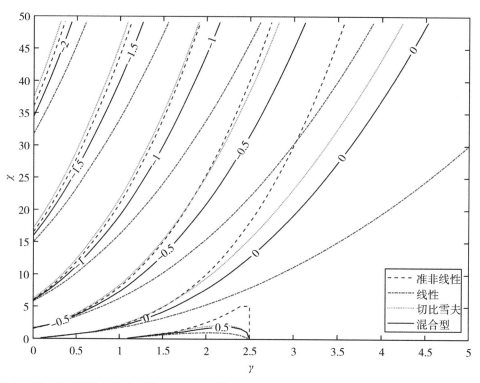

图5.2 不同类型潮波传播解析模型计算得到的潮波衰减/增大参数 δ 在 $\gamma - \chi$ 平面上的等值线分布

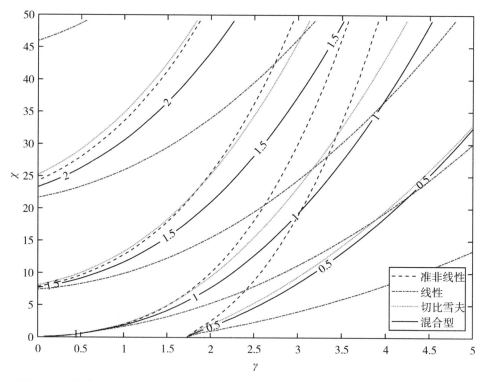

图5.3 不同类型潮波传播解析模型计算得到的波速参数 λ 在 $\gamma - \chi$ 平面上的等值线分布

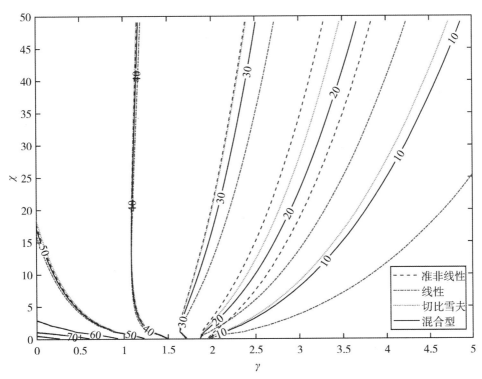

图5.4　不同类型潮波传播解析模型计算得到的相位差参数 ε 在 γ - χ 平面上的等值线分布

实例分析

　　同样以第二章采用的荷兰 Scheldt 河口为例。图5.5 为不同类型潮波解析模型及一维数值模型计算结果与实测值的对比。模型均采用一维数值模型率定的 Manning-Strickler 摩擦因子 $K = 38$ $\mathrm{m}^{1/3} \cdot \mathrm{s}^{-1}$。

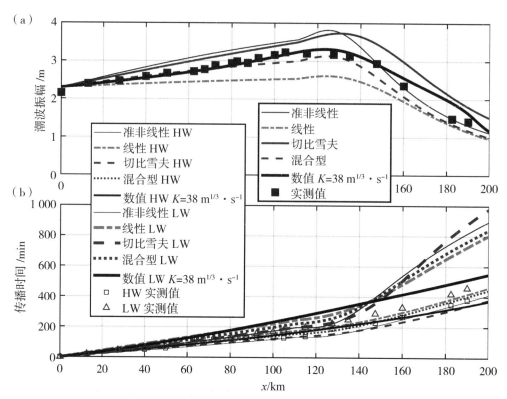

图5.5　不同类型潮波传播解析模型计算结果及一维数值模型结果与实测值的对比

附录5：基于混合型方法的潮波传播 MATLAB 经典程序

- 模型输入：

  1）无量纲摩擦参数；2）无量纲河口形状参数。

- 模型输出：

  1）无量纲潮波衰减（增大）参数；2）无量纲波速参数；3）无量纲流速振幅参数；4）高潮与高潮憩流（或低潮与低潮憩流）之间的相位差。

● 模型示例：

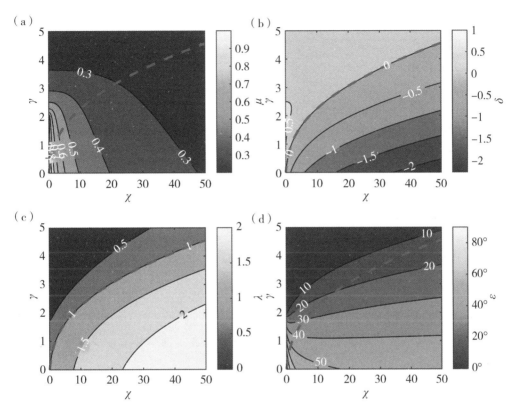

基于混合型方法的潮波传播解析解，其中，虚线表示理想型河口情况（$\delta = 0$）。

图 A5.1　不同无量纲摩擦参数条件下主要无量纲潮波变量与无量纲河口形状参数 γ 之间的关系

● Matlab 代码：

➤ 基于混合型方法的潮波传播解析解（对应图 A5.1）

```
% * * * * * * * * * Analytical model for a convergent estuary * * * * * * * * *
% * * * * * * * * * Hybrid method * * * * * * * * * * * * * * * * * * * * * * *
% * * * * * * * * * Output:
%           mu----> dimensionless velocity amplitude (−)
%           delta----> dimensionless damping number (−)
%           lambda----> dimensionless celerity number (−)
%           epsilon----> phase lag between HW and HWS (or LW and LWS)
% * * * * * * * * * Input:
%           Chi----> dimensionless friction number (−)
%           Gamma----> dimensionless estuary shape number (−)
% * * * * * * * * * * * * * * * * * * * * * * * * * * * * * * * * * * * * * * *
% Author: Huayang Cai (caihy7@ mail. sysu. edu. cn)
% Date:03/01/2019
```

```
% * * * * * * * * * * * * * * * * * * * * * * * * * * * * * * *
clc, clear
close all
%% Inputs
Chi = 0: 0. 1: 50;
Gamma = 0: 0. 1: 5;
[ gamma, chi] = meshgrid(0:. 1: 5, 0:. 1: 50);
%% PLOT
figure1 = figure;
% * * * * * * * * * * mixed Estuary
for j = 1: length( Gamma)
for i = 1: length( Chi)
[ mu( i, j), delta( i, j), lambda( i, j), epsilon( i, j)] = f_new_2011( Gamma( j), Chi( i));
Fw( i, j) = 8 * Chi( i) * mu( i, j)/(3 * pi * lambda( i, j));
end
end
epsilon = epsilon. /pi. * 180;
% * * * * * * * * * * * * * plot * * * * * * * * * * * * * * * * * *
subplot( 'position', [ 0. 08 0. 57 0. 4 0. 37])
[ C, h] = contourf( chi, gamma, mu);
hold on
contour( chi, gamma, lambda, [ 1 1], 'LineColor', 'r', 'linestyle', '--', 'linewidth', 2);
set( h, 'ShowText', 'on', 'TextStep', get( h, 'LevelStep') * 1)
ylabel( ' \ it \ gamma')
h_bar = colorbar;
ylabel( h_bar, ' \ it \ mu')
% * * * * * * * * * * * * * *
subplot( 'position', [ 0. 55 0. 57 0. 4 0. 37])
[ C, h] = contourf( chi, gamma, delta);
set( h, 'ShowText', 'on', 'TextStep', get( h, 'LevelStep') * 1)
hold on
contour( chi, gamma, delta, [ 0 0], 'LineColor', 'r', 'linestyle', '--', 'linewidth', 2);
ylabel( ' \ it \ gamma')
h_bar = colorbar;
ylabel( h_bar, ' \ it \ delta')
% * * * * * * * * * * * * * *
subplot( 'position', [ 0. 08 0. 10 0. 4 0. 37])
[ C, h] = contourf( chi, gamma, lambda);
```

```
set( h, 'ShowText', 'on', 'TextStep', get( h, 'LevelStep') * 1)
hold on
contour( chi, gamma, lambda, [ 1 1] , 'LineColor', 'r', 'linestyle', '--', 'linewidth', 2) ;
xlabel( ' \ it \ chi')
ylabel( ' \ it \ gamma')
h_bar = colorbar;
ylabel( h_bar, ' \ it \ lambda')
% * * * * * * * * * * * *
subplot( 'position', [ 0. 55 0. 10 0. 4 0. 37] )
[ C, h] = contourf( chi, gamma, epsilon) ;
set( h, 'ShowText', 'on', 'TextStep', get( h, 'LevelStep') * 1)
hold on
contour( chi, gamma, lambda, [ 1 1] , 'LineColor', 'r', 'linestyle', '--', 'linewidth', 2) ;
xlabel( ' \ it \ chi')
ylabel( ' \ it \ gamma')
h_bar = colorbar;
ylabel( h_bar, ' $ \ varepsilon/^ \ circ $ ', 'Interpreter', 'Latex')
annotation( figure1, 'textbox', 'String', { '( a) '} , 'FitHeightToText', 'off', …
     'EdgeColor', 'none', …
     'Position', [ 0. 01769 0. 9109 0. 0449 0. 05195] ) ;
annotation( figure1, 'textbox', 'String', { '( c) '} , 'FitHeightToText', 'off', …
     'EdgeColor', 'none', …
     'Position', [ 0. 01769 0. 4378 0. 0449 0. 05195] ) ;
annotation( figure1, 'textbox', 'String', { '( b) '} , 'FitHeightToText', 'off', …
     'EdgeColor', 'none', …
     'Position', [ 0. 48 0. 9109 0. 0449 0. 05195] ) ;
annotation( figure1, 'textbox', 'String', { '( d) '} , 'FitHeightToText', 'off', …
     'EdgeColor', 'none', …
     'Position', [ 0. 48 0. 4378 0. 0449 0. 05195] ) ;
```

第六章　潮波传播解析理论的渐近行为

经典的潮波传播解析模型（如 Hunt，1964；Ippen，1966；Friedrichs 和 Aubrey，1994；Van Rijn，2011；Winterwerp 和 Wang，2013；Cai、Toffolon 和 Savenije，2016）往往假定潮波振幅与流速振幅的沿程变化呈指数规律：

$$\eta^* = \exp(x^* \delta / \lambda), \quad \upsilon^* = \exp(x^* \delta / \lambda) \tag{6.1}$$

式中，$\eta^* = \eta / \eta_0$，$\upsilon^* = \upsilon / \upsilon_0$，$x^* = x\omega / c_0$。显然，式（6.1）是简单的指数变化，只适用于性质均一（即水深、摩擦、潮波传播速度等不变）的河口。若将式（6.1）应用于真实河口，则当河口长度趋于无穷大时，潮波振幅和流速振幅均趋于 0，这显然不符合客观规律。Cai 和 Savenije（2013）指出，当河道辐聚作用与底床摩擦作用相平衡时，潮波传播存在渐近解，并推导得出新的潮波振幅的衰减方程：

$$\eta^* = \frac{\eta_{\inf}^*}{1 - (1 - \eta_{\inf}^*) \exp\{ - \gamma \mu^2 x^* / [\lambda(1 + \mu^2)] \}} \tag{6.2}$$

式中，$\eta_{\inf}^*$ 表示当河口长度趋于无穷大时潮波振幅的渐近解，主要取决于潮波传播的衰减（或增大）快慢（即 δ）。

对于不同的潮波传播解析模型，其潮波衰减（或增大）的表达式不同，因此，潮波振幅的渐近解亦不同（见表 6.1），表中下标 Q、L、D 和 H 分别代表准非线性、线性、切比雪夫和混合型潮波传播模型。

表 6.1　不同潮波传播解析模型所对应的潮波振幅渐近解

模型	理想型河口条件下无量纲摩擦参数 χ 与河道辐聚参数 γ 的关系	潮波振幅渐近解
准非线性	$\chi = \gamma(\gamma^2 + 1)$	$\eta_{\inf\_Q}^* = \gamma / (\chi_0 \mu^2 \lambda^2)$
线性	$\chi = 3\pi\gamma \sqrt{\gamma^2 + 1} / 8$	$\eta_{\inf\_L}^* = 3\pi\gamma / (8\chi_0 \mu\lambda)$
切比雪夫	$\chi = [15\pi\gamma(\gamma^2 + 1)^{3/2}] / [16(\gamma^2 + 3)]$	$\eta_{\inf\_D}^* = 15\pi\gamma / (16\chi_0 \mu\lambda + 32\chi_0 \mu^3 \lambda^3)$
混合型	$\chi = \gamma / \{ 8 / (9\pi \sqrt{1 + \gamma^2}) + 2 / [3(1 + \gamma^2)] \}$	$\eta_{\inf\_H}^* = \gamma / [8\chi\mu\lambda / (9\pi) + 2\chi\mu^2\lambda^2 / 3]$

以混合型潮波传播解析模型的渐近行为为例，其无穷远处的潮波振幅应该趋近于理想型河口的潮波振幅，此时，$\mu_{\rm I}^2 = 1 / (1 + \gamma^2)$，$\lambda_{\rm I} = 1$，可得

$$\eta_{\inf\_H}^* = \gamma / [8\chi_0 \mu_0 \lambda / (9\pi) + 2\chi_0 \mu_0^2 \lambda^2 / 3] = \gamma / [8\chi_0 \mu_{\rm I} \lambda_{\rm I} / (9\pi) + 2\chi_0 \mu_{\rm I}^2 \lambda_{\rm I}^2 / 3] = \frac{\chi_{\rm I}}{\chi_0} \tag{6.3}$$

其中，下标"0"表示口门处的值，下标"I"表示理想型河口情况下的值。将理想型河口条件下的摩擦参数代入式（6.3）中，可得

$$\eta_{\text{inf}} = \frac{\chi_1}{\chi_0} \eta_0 = \frac{\gamma\{8/(9\pi \sqrt{1+\gamma^2}) + 2/[3(1+\gamma^2)]\}}{\chi_0} \eta_0$$

$$= \frac{\omega \overline{h}^2}{c_0 r_S f} \gamma/\{8/(9\pi \sqrt{1+\gamma^2}) + 2/[3(1+\gamma^2)]\} \quad (6.4)$$

或

$$\zeta_{\text{inf}} = \frac{\overline{h}}{a} \frac{1}{r_S f\{8/(9\pi \sqrt{1+\gamma^2}) + 2/[3(1+\gamma^2)]\}} \quad (6.5)$$

式（6.5）表示潮波振幅与水深的比值仅由河口地形和底床摩擦所决定，而与口门边界条件无关。

附录6：潮波传播解析理论的渐近行为 MATLAB 经典程序

- **模型输入：**

1）河口水深；2）河口断面面积辐聚长度；3）Manning-Strickler 摩擦系数；4）口门处潮波振幅；5）口门处潮波周期。

- **模型输出：**

无量纲潮波振幅。

- **模型示例：**

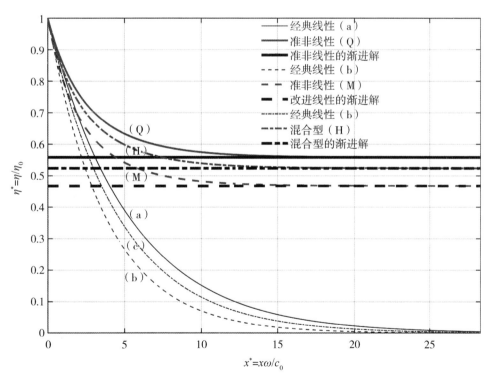

红色代表不同解析模型所对应的潮波振幅，蓝色代表简单指数函数所对应潮波振幅，黑色代表不同解析模型所对应的渐近解。

图 A6.1 河口无量纲潮波振幅随距离的沿程变化

- **Matlab 代码：**
  - ➤ 潮波传播解析理论的渐近行为（对应图 A6.1）

```
% Asymptotic behavior of the analytical solution for tidal wave propagation *
% * * * * * * * * * Comparison among different models * * * * * * * * * * * * *
% * * * * * * * * * Output:
%            eta1_s,... eta6_s----> dimensionless tidal amplitude ( - )
% * * * * * * * * * Input:
%            h0----> water depth at the estuary mouth ( m)
%            rs----> dimensionless storage width ratio ( - )
%            T----> tidal period ( s)
%            a----> convergence length of cross-sectional area ( m)
%            Ks----> Manning-Strickler friction coefficient ( m^(1/3) s^( -1))
%            eta0----> tidal amplitude at the mouth ( m)
% * * * * * * * * * * * * * * * * * * * * * * * * * * * * * * * * * * * * * * * * *
% Author: Huayang Cai ( caihy7@ mail. sysu. edu. cn)
% Date:03/01/2019
% * * * * * * * * * * * * * * * * * * * * * * * * * * * * * * * * * * * * * * * * *
clc, clear
h0 = 10; % depth
rs = 1; % storage width ratio
g = 9. 81; % acceleration due to gravity
c0 = sqrt( g * h0/rs); % wave celerity of a frictionless wave in a primatic channel
T = 12. 41 * 3600; % tidal period
w = 2 * pi/T; % tidal frequency
dx = 1000; % length step of the calculation
x = 0: dx: 2000 * dx; % longitudinal coordinate directed landward
Ls = c0/w; % wave length
x_s = x. /Ls; % dimensionless coordinate
gamma = 1; % estuary shape number
a = c0/( w * gamma); % convergence length of cross-sectional area
Ks = 30; % Manning-Strickler friction coefficient
eta0 = 1; % tidal amplitude at the mouth
[ eta1, mu1, delta1, lambda1, epsilon1] = f_savenije_constant_chi( h0, eta0, T, a, Ks, rs);
% Quasi - nonlinear model with constant friction
[ eta2, mu2, delta2, lambda2, epsilon2] = f_savenije_variable_chi( h0, eta0, T, a, Ks, rs);
% Quasi - nonlinear model with variable friction
[ eta3, mu3, delta3, lambda3, epsilon3] = f_toffolon_constant_chi( h0, eta0, T, a, Ks, rs);
% Modified linear model with constant friction
```

[eta4, mu4, delta4, lambda4, epsilon4] = f_toffolon_variable_chi(h0, eta0, T, a, Ks, rs) ;
% Modified linear model with variable friction

[eta5, mu5, delta5, lambda5, epsilon5] = f_new_constant_chi(h0, eta0, T, a, Ks, rs) ; %
Hybrid model with constant friction

[eta6, mu6, delta6, lambda6, epsilon6] = f_new_variable_chi(h0, eta0, T, a, Ks, rs) ; %
Hybrid model with variable friction

eta1_s = eta1. /eta0; eta2_s = eta2. /eta0;

eta3_s = eta3. /eta0; eta4_s = eta4. /eta0;

eta5_s = eta5. /eta0; eta6_s = eta6. /eta0;

% * * * * * * * * * * ideal tidal amplitude (asymptotic solution) * * * * * * *

m1 = rs * g * c0;

m2_sav = gamma * (gamma^2 + 1) * Ks^2 * h0^(4/3) * w;

m2_tof = 3 * pi * gamma * sqrt(gamma^2 + 1) * Ks^2 * h0^(4/3) * w/8;

m2_new = gamma/(8/(9 * pi * sqrt(gamma^2 + 1)) + 2/(3 * (gamma^2 + 1))) * Ks^2 *
h0^(4/3) * w;

eta_ideal_sav = (- 9 * m1 + 3 * sqrt(9 * m1^2 + 64 * m2_sav^2)) * h0/(32 * m2_sav) ;
% asymptotic solution of quasi – nonlinear model

eta_ideal_tof = m2_tof * h0/m1; % asymptotic solution of modified linear model

eta_ideal_new = (- 9 * m1 + 3 * sqrt(9 * m1^2 + 64 * m2_new^2)) * h0/(32 * m2_
new) ; % asymptotic solution of hybrid model

for i = 1: length(x)

    eta_ideal_s(i) = eta_ideal_sav/eta0;

    eta_ideal_t(i) = eta_ideal_tof/eta0;

    eta_ideal_n(i) = eta_ideal_new/eta0;

end

% * * * * * * * * * * * * * * * plot *

figure1 = figure;

plot(x_s, eta1_s, ' – b', x_s, eta2_s, ' – r', x_s, eta_ideal_s, ' – k')

xlim([0 max(x_s)]) ;

ylabel(' \ it \ eta^ * ') ;

grid on

hold on

plot(x_s, eta3_s, '--b', x_s, eta4_s, '--r', x_s, eta_ideal_t, '--k')

hold on

plot(x_s, eta5_s, ' – . b', x_s, eta6_s, ' – . r', x_s, eta_ideal_n, ' – . k')

xlim([0 max(x_s)]) ;

xlabel(' \ itx \ rm^ * = \ itx \ rm \ it \ omega \ rm/ \ itc \ rm_0') ;

ylabel(' \ it \ eta \ rm^ * = \ it \ eta \ rm / \ it \ eta \ rm_0') ;

```
grid on
legend1 = legend('经典线性 (a)','准非线性 (Q)',...
    '准非线性的渐近解',...
    '经典线性 (b)','改进线性 (M)',...
    '改进线性的渐近解',...
    '经典线性 (c)','混合型 (H)',...
    '混合型的渐近解','Location','Northeast');
legend boxoff
text(5.3,0.65,'(Q)')
text(5.3,0.58,'(H)')
text(5.3,0.5,'(M)')
text(5.3,0.38,'(a)')
text(5.3,0.28,'(c)')
text(5.3,0.18,'(b)')
```

第七章　半封闭河口潮波传播解析模型

前文关于潮波传播的解析模型均假定河口长度为无限长,本章将介绍有限长河口(即上游一端封闭)潮波传播的解析解。两者的差别在于,前者潮波传播过程主要由河口断面辐聚程度与底床摩擦控制,而后者还要考虑因河口长度受限而引起的反射波影响。两者的联系为前者可认为是后者的一种特例,即当河口长度 $L \to \infty$ 时,有限长河口潮波解析解简化为无限长河口解析解。

对于无限长河口,Toffolon 和 Savenije(2011)推导得出主要潮波变量的隐式解析表达式:

$$\tan \varphi = \frac{\gamma \kappa + 2\kappa^2}{\hat{\chi}} \tag{7.1}$$

$$\mu = \frac{1}{\sqrt{1 + \gamma \kappa + 2\kappa^2}} \tag{7.2}$$

$$\delta = \frac{\gamma}{2} - \kappa \tag{7.3}$$

$$\lambda^2 = \kappa^2 + \Gamma \tag{7.4}$$

其中,

$$\kappa = \sqrt{\frac{\Omega - \Gamma}{2}}, \ \Omega = \sqrt{\Gamma^2 + \hat{\chi}^2}, \ \Gamma = 1 - \left(\frac{\gamma}{2}\right)^2, \ \hat{\chi} = 8\chi\mu/(3\pi) \tag{7.5}$$

而对于有限长河口,由于存在因河口长度受限而引起的反射波影响,因此需分别考虑水位和流速的潮波衰减率和传播速度,主要潮波变量之间的相互关系可由以下 6 个方程描述(Cai, Toffolon et al., 2016):

$$\delta_V = \gamma - \frac{\delta_A - \hat{\chi}\lambda_A}{\delta_A^2 + \lambda_A^2} \tag{7.6}$$

$$\lambda_V = \frac{\hat{\chi}\delta_A + \lambda_A}{\delta_A^2 + \lambda_A^2} \tag{7.7}$$

$$\tan \varphi = \frac{\gamma - \delta_V}{\lambda_V} = \frac{\lambda_A \hat{\chi} + \delta_A}{\lambda_A - \delta_A \hat{\chi}} \tag{7.8}$$

$$\mu^2 = \frac{-1 + \sqrt{1 + 256\chi^2/(9\pi^2) \cdot (\delta_A^2 + \lambda_A^2)}}{128\chi^2/(9\pi^2)} \tag{7.9}$$

$$\delta_A = \frac{\gamma}{2} - R\left\{ \Lambda \left[1 - \frac{2}{1 + \exp(4\pi\Lambda L^*) \dfrac{\Lambda + \gamma/2}{\Lambda - \gamma/2}} \right] \right\} \tag{7.10}$$

$$\lambda_A = I\left\{ \Lambda\left[1 - \frac{2}{1 + \exp(4\pi\Lambda L^*)\dfrac{\Lambda + \gamma/2}{\Lambda - \gamma/2}} \right] \right\} \tag{7.11}$$

式中，下标 A 和下标 V 分别表示水位和流速，$L^* = L_e^* - x^*$ 表示离上游封闭端的距离。

图7.1 显示口门处的水位振幅衰减参数 δ_A 和传播速度参数 λ_A 在给定不同摩擦参数条件下随着河口形状参数 γ 和无量纲河口长度 L_e^* 的等值线变化。

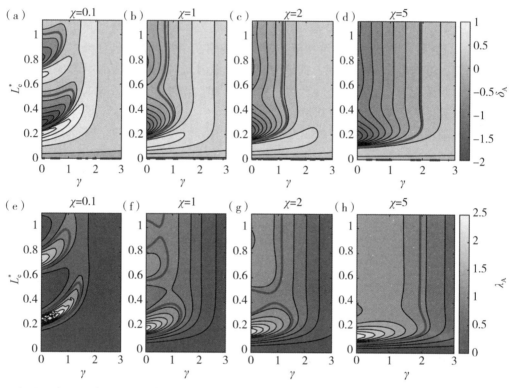

在（a）和（e）中，$\chi = 0.1$；在（b）和（f）中，$\chi = 1$；在（c）和（g）中，$\chi = 2$；在（d）和（h）中，$\chi = 5$。灰色粗实线代表 $\delta_A = 0$ 和 $\lambda_A = 1$。

图7.1　水位振幅衰减参数 δ_A 和传播速度参数 λ_A 随着河口形状参数 γ

和无量纲河口长度 L_e^* 的等值线变化

附录7：半封闭河口潮波传播解析模型 MATLAB 经典程序

- **模型输入：**

1）河口水深；2）河口断面面积辐聚长度；3）Manning-Strickler 摩擦系数；4）口门处潮波振幅；5）口门处潮波周期；6）河口长度。

- **模型输出：**

1）潮波振幅；2）流速振幅；3）流速与水位之间的相位差。

- 模型示例：

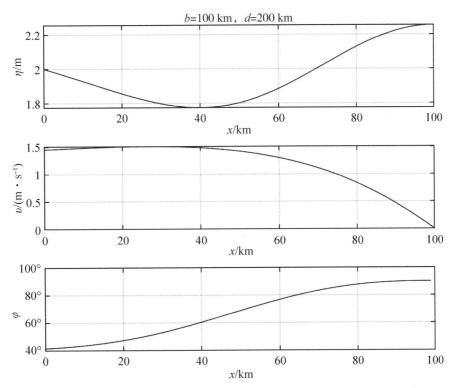

图 A7.1　有限长河口潮波振幅、流速振幅和流速与水位之间相位差的沿程变化

- Matlab 代码：

  ➤ 半封闭河口潮波传播解析模型（对应图 A7.1）

```
% * * * * * * * * * Example to illustrate the computation process to derive the analyt-
ical solutions for the entire channel
% * * * * * * * * * Multi – reach approach accounting for the variable depth * * *
* * * * * * * *
% * * * * * * * * * Output:
%          eta----> tidal amplitude (m)
%          upsilon----> velocity amplitude (m/s)
%          phi----> phase lag between velocity and elevation ( - )
% * * * * * * * * * Input:
%          Le----> dimensional length (m)
%          eta0----> tidal amplitude at the mouth (m)
%          rs----> dimensionless storage width ratio ( - )
%          T----> tidal period (s)
%          b----> convergence length of width (m)
%          d----> convergence length of depth (m)
```

```
%                   K----> Manning-Strickler friction coefficient ( m^( 1/3) s^( -1) )
% * * * * * * * * * * * * * * * * * * * * * * * * * * * * * * * * * * *
% Author:  Huayang Cai ( caihy7@ mail. sysu. edu. cn)
% Date: 03/01/2019
% * * * * * * * * * * * * * * * * * * * * * * * * * * * * * * * * * * *
clc, clear all
close all
%% input data
Le = 100 * 1000;        % dimensional length [ m]
eta0 = 2;               % tidal amplitude at the estuary mouth [ m]
T = 12. 42 * 3600;      % tidal period [ s]
h0 = 10;                % depth at the estuary mouth [ m]
rs = 1;                 % storage width ratio [ - ]
K = 55;                 % Manning-Strickler friction coefficient [ m^{1/3} s^{ -1}]
b = 100 * 1000;         % width convergence length [ m] ( =0 constant)
d = 200 * 1000;         % depth convergence length [ m] ( =0 constant)
dx = 1000;              % distance interval [ m]
x_scale = 0: dx: Le;    % vector of longitudinal points [ m]
inf = 0;                % 1 = infinite channel

%% computation
% * * * * * * * * * * * * * * * * * * * * * * * * * * * * * * * * * * *
[ eta, upsilon, mu, deltaA, deltaV, lambdaA, lambdaV, phi, L] ...
    = f_param_linN( Le, eta0, T, h0, rs, K, b, d, dx, inf) ;
% * * * * * * * * * * * * * * * * * * * * * * * * * * * * * * * * * * *
phi = phi. * 180. /pi; % phase difference [ °]
eta( end + 1) = nan;
if( inf = = 1)
    upsilon( end + 1) = nan;
else
    upsilon( end + 1) = 0;
end
phi( end + 1) = nan;

%%
% * * * * * * * * * * * * * * * plot * * * * * * * * * * * * * * * * * *
figure1 = figure;
% tidal amplitude
```

```
subplot(311)
plot(x_scale, eta, '-b')
grid on
ylabel('\it\eta\rm/m')
set(gca, 'XTick', 0: 20000: 100000)
set(gca, 'XTickLabel', {'0', '20', '40', '60', '80', '100'})
title(['\itb\rm =', num2str(b./1000), ' km, \itd\rm =', num2str(d./1000), ' km'])
% velocity amplitude
subplot(312)
grid on
plot(x_scale, upsilon, '-b')
grid on
ylabel('\it\upsilon\rm/(ms^{-1}))')
set(gca, 'XTick', 0: 20000: 100000)
set(gca, 'XTickLabel', {'0', '20', '40', '60', '80', '100'})
% phase lag
subplot(313)
plot(x_scale, phi, '-b')
grid on
xlabel('\itx\rm/km')
ylabel('$$\phi/^\circ$$', 'interpreter', 'latex')
set(gca, 'XTick', 0: 20000: 100000)
set(gca, 'XTickLabel', {'0', '20', '40', '60', '80', '100'})
```

第八章 不同天文分潮之间的非线性相互作用

前述几种不同类型的潮波传播解析理论上仅能重构某一个主要分潮（如 M_2 分潮）的传播过程，因此，不同分潮之间的非线性相互作用及其对各个分潮传播过程的影响仍有待进一步深入研究。为探讨不同天文分潮（如 M_2，S_2，N_2，O_1，K_1 等）之间的非线性相互作用，对非线性摩擦项中的二次流速项 $U|U|$（U 为断面平均流速）进行线性展开（如傅里叶展开等）是一种有效的方法（Proundwan, 1953；Dronkers, 1964；Pingree, 1983；Fang, 1987；Inoue 和 Garrett, 2007）。研究表明，假如潮波仅由一个主要和一个次要分潮组成，且次要分潮的振幅远小于主要分潮，那么通过二次流速项的傅里叶展开，次要分潮的有效摩擦要比主要分潮大 50%（Jeffreys, 1970；Heaps, 1978；Prandle, 1997）。该方法可进一步推广并推导确定更多分潮情况下不同分潮的实际有效摩擦（Pingree, 1983；Fang, 1987；Inoue 和 Garrett, 2007）。

另一种线性化二次流速项的方法是切比雪夫多项式分解方法，将二次流速项线性化成一个二项式 $\alpha U + \beta U^3$ 或者三项式 $\alpha U + \beta U^3 + \xi U^5$（Doodson, 1924；Dronkers, 1964；Godin, 1991, 1999），其中 α、β、ξ 为数值常数。该方法的优点是将二次流速项分解成有限个项，每个项具有相对明确的物理意义，如线性项 αU 表示不同天文分潮之间的线性叠加，三次式 βU^3 或五次项 ξU^5 表示不同天文分潮之间的非线性相互作用。同时，该方法亦有助于推导得到相对明确的解析公式，用于阐释不同分潮之间的相互作用。

Cai et al.（2018）创新性地引入切比雪夫多项式分解方法线性化二次流速项并与仅考虑单一主要分潮的潮波传播解析模型相结合，揭示不同天文分潮之间的非线性相互作用及其传播过程与机理。二次流速项可用以下切比雪夫二项式进行展开：

$$U|U| = \hat{v}^2\left[\alpha\left(\frac{U}{\hat{v}}\right) + \beta\left(\frac{U}{\hat{v}}\right)^3\right] \tag{8.1}$$

式中，$\hat{v}$ 为不同天文分潮振幅之和，$\alpha = 16/(15\pi)$、$\beta = 32/(15\pi)$ 是切比雪夫二项式数值常数。

对于单一主要分潮系统，断面平均流速为

$$U = v_1\cos(\omega_1 t) \tag{8.2}$$

式中，t 为时间、v_1 为流速振幅、ω_1 为分潮的频率。将式（8.2）代入式（8.1）可得

$$U|U| \approx v_1^2\left[\frac{8}{3\pi}\cos(\omega_1 t) + \frac{8}{15\pi}\cos(3\omega_1 t)\right] \tag{8.3}$$

提取原始的主要分潮信息，可得

$$U|U| \approx \frac{8}{3\pi} v_1^2\cos(\omega_1 t) \tag{8.4}$$

式（8.4）与经典的洛伦兹线性化摩擦项（Lorentz，1926）或者二次流速项的傅里叶展开结果一致（Proundman，1953）。

若同时考虑一个主要分潮和一个次要分潮，则断面平均流速为

$$U = v_1\cos(\omega_1 t) + v_2\cos(\omega_2 t) = \hat{v}[\varepsilon_1\cos(\omega_1 t) + \varepsilon_2\cos(\omega_2 t)] \tag{8.5}$$

式中，v_2 和 ω_2 分别是次要分潮的振幅和频率，$\varepsilon_1 = v_1/\hat{v}$，$\varepsilon_2 = v_2/\hat{v}$ 分别是各个分潮的振幅与最大的可能流速之比。将式（8.5）代入式（8.1）并提取原始分潮的信息，可得

$$U|U| \approx \frac{8}{3\pi}\hat{v}^2[F_1\varepsilon_1\cos(\omega_1 t) + F_2\varepsilon_2\cos(\omega_2 t)] \tag{8.6}$$

式中，F_1 和 F_2 分别代表不同分潮非线性作用下的有效摩擦系数：

$$F_1 = \frac{3\pi}{8}\Big[\alpha + \beta\Big(\frac{3}{4}\varepsilon_1^2 + \frac{3}{2}\varepsilon_2^2\Big)\Big] = \frac{1}{5}(2 + 3\varepsilon_1^2 + 6\varepsilon_2^2) = \frac{1}{5}(8 + 9\varepsilon_1^2 - 12\varepsilon_1) \tag{8.7}$$

$$F_2 = \frac{3\pi}{8}\Big[\alpha + \beta\Big(\frac{3}{4}\varepsilon_2^2 + \frac{3}{2}\varepsilon_1^2\Big)\Big] = \frac{1}{5}(2 + 3\varepsilon_2^2 + 6\varepsilon_1^2) = \frac{1}{5}(5 + 9\varepsilon_1^2 - 6\varepsilon_1) \tag{8.8}$$

图 8.1 是采用线性化的式（8.1）和式（8.6）计算两个分潮条件下（$\varepsilon_1 = 3/4$，$\varepsilon_2 = 1/4$）的二次流速项与实际值的对比。由图 8.1 可知，线性化的式（8.1）能够很好地拟合非线性二次流速项，而仅保留两个原始分潮的近似的式（8.6）也能够很好地拟合非线性二次流速项的一阶变化（即主要变化）。

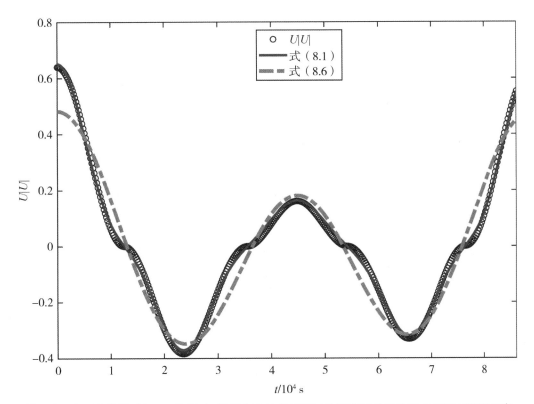

图 8.1　在两个分潮（如 M_2 和 K_1）同时存在的条件下二次流速的切比雪夫多项式近似示意

由式（8.7）和式（8.8）可知，当次要分潮振幅相比主要分潮振幅很小（即 $\varepsilon_2 \ll 1$，$\varepsilon_1 \approx 1$）时，$F_1 \approx 1$，$F_2 \approx 1.6$，这表明次要分潮的实际有效摩擦系数要比主要分潮大60%左右。图8.2是在两个分潮条件下有效摩擦系数随 ε_1 的变化，$U = 0.6\cos(\omega_1 t) + 0.2\cos(\omega_2 t)$，式中 ω_1 和 ω_2 分别是 M$_2$ 和 K$_1$ 分潮的频率。由图8.2可见，由于 $\varepsilon_1 + \varepsilon_2 = 1$，因此 F_1 和 F_2 呈对称式变化。

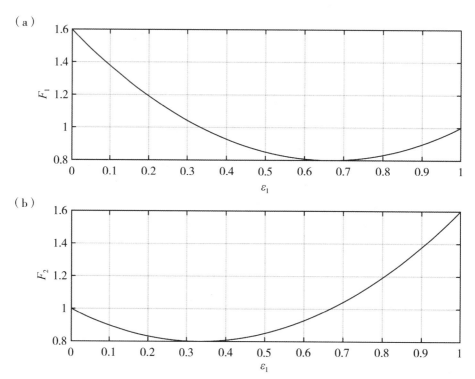

图8.2 两个分潮条件下有效摩擦参数 F_1 和 F_2 随 ε_1 的变化过程

上述方法可进一步推广至有多个（大于2个）分潮情况，此时断面平均流速为

$$U = \sum_{i=1}^{n} v_i \cos(\omega_i t) = \hat{v} \sum_{i=1}^{n} \varepsilon_i \cos(\omega_i t) \qquad (8.9)$$

式中，下标 i 表示第 i 个分潮。将式（8.9）代入式（8.1）并提取原始分潮信息，可得

$$U|U| \approx \frac{8}{3\pi} \hat{v}^2 \sum_{i=1}^{n} F_i \varepsilon_i \cos(\omega_i t) \qquad (8.10)$$

式中，有效摩擦系数 F_j 为

$$F_j = \frac{3\pi}{8}\Big[\alpha + \beta\Big(\sum_{i=1,i\neq j}^{n} \frac{3}{2}\varepsilon_i^2 - \frac{3}{4}\varepsilon_j^2\Big)\Big] = \frac{1}{5}\Big(2 + 3\varepsilon_j^2 + \sum_{i=1,i\neq j}^{n} 6\varepsilon_i^2\Big) \qquad (8.11)$$

Cai et al.（2018）基于一维动量守恒方程进行理论推导，相比仅考虑单一主要分潮，要正确重构不同分潮之间的潮波传播过程，需引入有效摩擦更正系数：

$$f_i = \frac{F_i}{\varepsilon_i} \qquad (8.12)$$

式（8.12）表明，若 ε_i 值很小（即分潮振幅相比其他分潮来说很小），则 f_i 值比较大。若将式（8.12）引入一维水动力解析模型，则无量纲摩擦参数变为

$$\chi_n = f_n \chi \tag{8.13}$$

图 8.3 是考虑不同分潮非线性相互作用条件下的潮波传播解析模型的迭代计算流程。首先，假定不同分潮的有效摩擦更正系数 $f_i = 1$，通过单一分潮潮波解析模型计算各个分潮所对应的流速振幅 v_i 及其对应的 ε_i；其次，通过式（8.11）和式（8.12）计算不同分潮的有效摩擦更正系数 f_i，然后代入潮波解析模型计算得到不同分潮的流速振

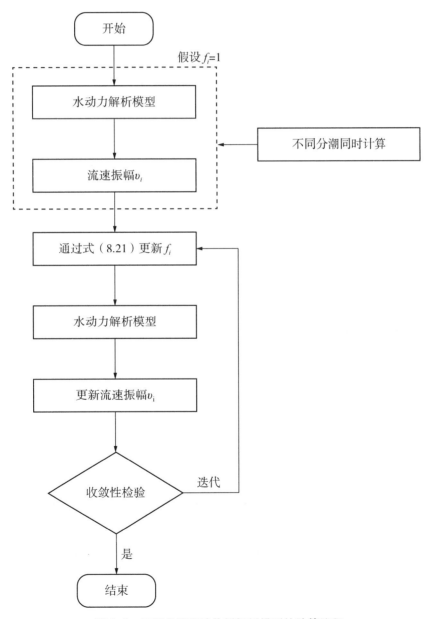

图 8.3　不同分潮潮波传播解析模型的计算流程

幅 v_i；上述过程不断重复直至模型的计算结果稳定。上述过程与以往学者分别率定不同分潮不同的是，通过式（8.12）引入不同分潮之间的非线性相互作用，仅使用一个统一的 Manning-Strickler 摩擦因子 K，而不是多个，更加符合实际的潮波传播过程。

实例分析

以葡萄牙 Guadiana 河口为例。河口长度为 78 km，模型使用恒定的 5.5 m 水深，河宽辐聚长度为 38 km，$r_S = 1$，模型率定的 Manning-Strickler 摩擦因子 $K = 42 \ \mathrm{m}^{1/3} \cdot \mathrm{s}^{-1}$。图 8.4 为解析模型计算得到的不同分潮潮波振幅与水位相位与实测值的对比。结果表明，模型能够较好地反演不同分潮的潮波传播过程。根据解析计算，最终得到 M_2、S_2、N_2、K_1、O_1 的有效摩擦更正系数分别为 1.1、4.6、8.1、41.1 和 49.8。

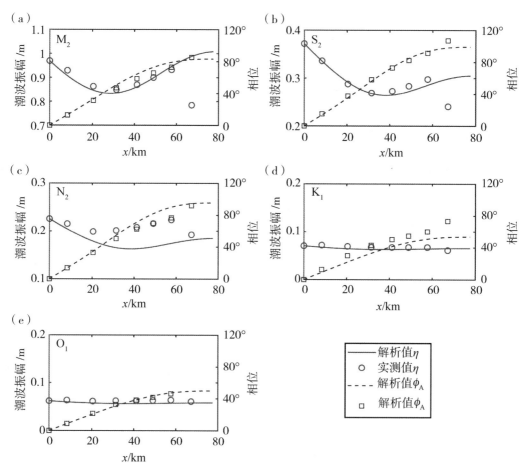

图8.4 解析模型计算的瓜迪亚纳河口不同分潮潮波振幅、水位相位与实测值的对比

附录8：考虑不同天文分潮非线性相互作用的潮波传播解析模型 MATLAB 经典程序

- **模型输入：**

 1）河口水深；2）河口断面面积辐聚长度；3）Manning-Strickler 摩擦系数；4）口

门处潮波振幅；5）口门处潮波周期；6）河口长度。

● **模型输出：**

1）潮波振幅；2）流速与水位之间的相位差。

● **模型示例：**

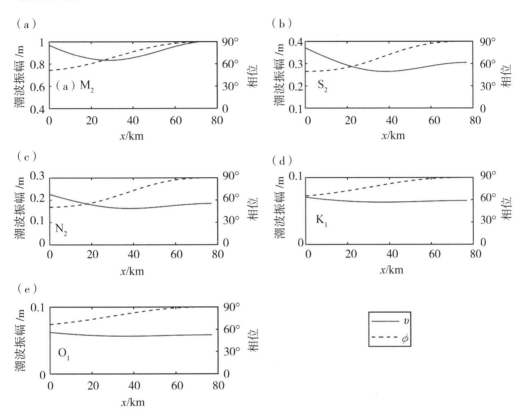

图 A8.1　有限长河口不同天文分潮潮波振幅、流速及水位的相位差沿程变化

● **Matlab 代码：**

➤ 考虑不同天文分潮非线性相互作用的潮波传播解析模型（对应图 A8.1）

```
% * * * * * * * * * * Tidal wave propagation for multiple tidal constituents * * * * *
% * * * * * * * * * * Output:
%            eta----> tidal amplitude (m)
%            upsilon----> velocity amplitude (m/s)
%            phi----> phase lag between velocity and elevation (-)
% * * * * * * * * * * Input:
%            Le----> dimensional length (m)
%            eta0----> tidal amplitude at the mouth (m)
%            rs----> dimensionless storage width ratio (-)
%            T----> tidal period (s)
%            b----> convergence length of width (m)
```

```
%                    d----> convergence length of depth ( m)
%                    K----> Manning-Strickler friction coefficient ( m^(1/3) s^( -1))
% * * * * * * * * * * * * * * * * * * * * * * * * * * * * * * * * * *
% Author: Huayang Cai ( caihy7@ mail. sysu. edu. cn)
% Date: 03/01/2019
% * * * * * * * * * * * * * * * * * * * * * * * * * * * * * * * * * *
clc, clear all
close all
% % observations
load Obs_Guadiana. txt;
M2 = Obs_Guadiana( :, 2: 3);
S2 = Obs_Guadiana( :, 4: 5);
N2 = Obs_Guadiana( :, 6: 7);
K1 = Obs_Guadiana( :, 8: 9);
O1 = Obs_Guadiana( :, 10: 11);
x_obs = Obs_Guadiana( :, 1); % distance of stations from mouth
for KK  = 1: 5
    if KK = =1
        Amp_M2 = M2( :, 1); % amplitude
        Phi_M2 = M2( :, 2); % phase
        f_M2 = 1;            % friction correction factor
        T_M2 = 12. 4206 * 3600; % period
    elseif KK = =2
        Amp_S2 = S2( :, 1);
        Phi_S2 = S2( :, 2);
        f_S2 = 4;
        T_S2 = 12 * 3600;
    elseif KK = =3
        Amp_N2 = N2( :, 1);
        Phi_N2 = N2( :, 2);
        f_N2 = 4. 4;
        T_N2 = 12. 6583 * 3600;
    elseif KK = =4
        Amp_K1 = K1( :, 1);
        Phi_K1 = K1( :, 2);
        f_K1 = 50;
        T_K1 = 23. 9345 * 3600;
    elseif KK = =5
```

```
        Amp_O1 = O1( : , 1) ;
        Phi_O1 = O1( : , 2) ;
        f_O1 = 42;
        T_O1 = 25. 8193 * 3600;
    end
end
%% Inputs
Le = 78 * 1000;        % dimensional length [ m]
D0 = 5. 5;             % depth at the estuary mouth [ m]
K = 42;
Lb = 38 * 1000;        % width convergence length [ m] ( = 0 constant)
Lz = inf;        % depth convergence length [ m] ( = 0 constant)
dx = 1000;             % distance interval [ m]
x = ( 0: dx: Le − dx) . /1000;
rs = 1;
inf = 2; % closed end case
f1 = 1; f2 = 1; f3 = 1; f4 = 1; f5 = 1;
%% model computation
for i = 1: 10
[ eta_M2, U_M2, phi_M2, phiN_M2] = …
    f_linN( Le, Amp_M2( 1) , T_M2( 1) , D0, rs, K, Lb, Lz, dx, f1, inf) ;
[ eta_S2, U_S2, phi_S2, phiN_S2] = …
    f_linN( Le, Amp_S2( 1) , T_S2( 1) , D0, rs, K, Lb, Lz, dx, f2, inf) ;
[ eta_N2, U_N2, phi_N2, phiN_N2] = …
    f_linN( Le, Amp_N2( 1) , T_N2( 1) , D0, rs, K, Lb, Lz, dx, f3, inf) ;
[ eta_K1, U_K1, phi_K1, phiN_K1] = …
    f_linN( Le, Amp_K1( 1) , T_K1( 1) , D0, rs, K, Lb, Lz, dx, f4, inf) ;
[ eta_O1, U_O1, phi_O1, phiN_O1] = …
    f_linN( Le, Amp_O1( 1) , T_O1( 1) , D0, rs, K, Lb, Lz, dx, f5, inf) ;
epsilon1 = U_M2. /( U_M2 + U_S2 + U_N2 + U_K1 + U_O1) ;
epsilon2 = U_S2. /( U_M2 + U_S2 + U_N2 + U_K1 + U_O1) ;
epsilon3 = U_N2. /( U_M2 + U_S2 + U_N2 + U_K1 + U_O1) ;
epsilon4 = U_K1. /( U_M2 + U_S2 + U_N2 + U_K1 + U_O1) ;
epsilon5 = U_O1. /( U_M2 + U_S2 + U_N2 + U_K1 + U_O1) ;
F1 = ( 2 + 3 * epsilon1. ^2 + 6 * epsilon2. ^2 + 6 * epsilon3. ^2 + 6 * epsilon4. ^2 + 6 *
epsilon5. ^2) . /5;
F2 = ( 2 + 3 * epsilon2. ^2 + 6 * epsilon1. ^2 + 6 * epsilon3. ^2 + 6 * epsilon4. ^2 + 6 *
epsilon5. ^2) . /5;
```

```matlab
F3 = ( 2 + 3 * epsilon3. ^2 + 6 * epsilon1. ^2 + 6 * epsilon2. ^2 + 6 * epsilon4. ^2 + 6 *
epsilon5. ^2) . /5;
    F4 = ( 2 + 3 * epsilon4. ^2 + 6 * epsilon1. ^2 + 6 * epsilon2. ^2 + 6 * epsilon3. ^2 + 6 *
epsilon5. ^2) . /5;
    F5 = ( 2 + 3 * epsilon5. ^2 + 6 * epsilon1. ^2 + 6 * epsilon2. ^2 + 6 * epsilon3. ^2 + 6 *
epsilon4. ^2) . /5;
    f1 = F1. /epsilon1;
    f2 = F2. /epsilon2;
    f3 = F3. /epsilon3;
    f4 = F4. /epsilon4;
    f5 = F5. /epsilon5;
    end
Table = [ mean( f1)  mean( f2)  mean( f3)  mean( f4)  mean( f5) ];
%% Phase computation
% Phase difference for M2
phiN_M2 = phiN_M2. * 180. /pi;
% Phase difference for S2
phiN_S2 = phiN_S2. * 180. /pi;
% Phase difference for N2
phiN_N2 = phiN_N2. * 180. /pi;
% Phase difference for K1
phiN_K1 = phiN_K1. * 180. /pi;
% Phase difference for O1
phiN_O1 = phiN_O1. * 180. /pi;
%% Plot
%%
figure1 = figure;
        subplot 321 % M2 Amplitude and phase
        [ AX, H1, H2] = plotyy( x, eta_M2, x, phiN_M2) ;
        set( H1, 'LineStyle', ' – ', 'Color', 'red')
        set( H2, 'LineStyle', '--', 'Color', 'blue')
        set( get( AX( 1), 'Ylabel'), 'String', '潮波振幅/m', 'fontsize', 14)
        set( AX( 1), 'xlim', [ 0  80], ' Ylim', [ 0. 4  1], ' YTick', [ 0. 4  0. 6  0. 8  1], '
ycolor', [ 1  0  0])
        set( AX( 2), 'xlim', [ 0  80], 'ycolor', [ 0  0  1], 'ylim', [ 0  90], 'YTick', [ 0  30  60
90])
        text( 3, 0. 6, '( a)  M_2', 'fontsize', 14)
%        text( 16, 1. 05, '( a)')
```

```
%%
subplot 322 % S2 Amplitude and phase
[AX,H1,H2] = plotyy(x, eta_S2, x, phiN_S2);
set(H1, 'LineStyle', ' – ', 'Color', 'red')
set(H2, 'LineStyle', '--', 'Color', 'blue')
set(get(AX(1), 'Ylabel'), 'String', '潮波振幅/m', 'fontsize', 14)
set(get(AX(2), 'Ylabel'), 'String', '相位 \ rm/^ \ circ', 'fontsize', 14)
set(AX(1), 'xlim', [0 80], 'ylim', [0.1 0.4], 'YTick', [0.1 0.2 0.3 0.4],
'ycolor', [1 0 0])
set(AX(2), 'xlim', [0 80], 'ycolor', [0 0 1], 'ylim', [0 90], 'YTick', [0 30 60
90])
text(3, 0.2, '(b) S_2', 'fontsize', 14)
%%
    subplot 323 % N2 Amplitude and phase
[AX,H1,H2] = plotyy(x, eta_N2, x, phiN_N2);
set(H1, 'LineStyle', ' – ', 'Color', 'red')
set(H2, 'LineStyle', '--', 'Color', 'blue')
set(get(AX(1), 'Ylabel'), 'String', '潮波振幅/m', 'fontsize', 14)
set(AX(1), 'xlim', [0 80], 'Ylim', [0 0.3], 'YTick', [0 0.1 0.2 0.3],
'ycolor', [1 0 0])
set(AX(2), 'xlim', [0 80], 'ycolor', [0 0 1], 'ylim', [0 90], 'YTick', [0 30 60
90])
text(3, 0.05, '(c) N_2', 'fontsize', 14)
%%
 subplot 324 % K1 Amplitude and phase
[AX,H1,H2] = plotyy(x, eta_K1, x, phiN_K1);
set(H1, 'LineStyle', ' – ', 'Color', 'red');
set(H2, 'LineStyle', '--', 'Color', 'blue');
set(get(AX(1), 'Ylabel'), 'String', '潮波振幅/m', 'fontsize', 14);
set(get(AX(2), 'Ylabel'), 'String', '相位 \ rm/^ \ circ', 'fontsize', 14);
set(get(AX(1), 'Xlabel'), 'String', '\ itx \ rm/km', 'fontsize', 14);
set(AX(1), 'xlim', [0 80], 'Ylim', [0 0.1], 'YTick', [0 0.1], 'ycolor', [1 0
0])
set(AX(2), 'xlim', [0 80], 'ycolor', [0 0 1], 'ylim', [0 90], 'YTick', [0 30 60
90])
text(3, 0.03, '(d) K_1', 'fontsize', 14)
set(get(AX(2), 'Xlabel'), 'String', 'Distance from the mouth (km)', 'fontsize',
14);
```

```
%%
subplot 325 % O1 Amplitude and phase
        [AX, H1, H2] = plotyy(x, eta_O1, x, phiN_O1);
        set(H1, 'LineStyle', '-', 'Color', 'red');
        set(H2, 'LineStyle', '--', 'Color', 'blue');
        set(get(AX(1), 'Ylabel'), 'String', '潮波振幅/m', 'fontsize', 14);
        set(get(AX(2), 'Ylabel'), 'String', '相位\rm/^\circ', 'fontsize', 14);
        set(get(AX(1), 'Xlabel'), 'String', '\itx\rm/km', 'fontsize', 14);
        set(AX(1), 'xlim', [0 80], 'Ylim', [0 0.1], 'YTick', [0 0.1], 'ycolor', [1 0
0])
        set(AX(2), 'xlim', [0 80], 'ycolor', [0 0 1], 'ylim', [0 90], 'YTick', [0 30 60
90])
        text(3, 0.03, '(e) O_1', 'fontsize', 14)
        %%
        hSub = subplot(326); plot(1, nan, 'r', 1, nan, '--b', 1, nan, 'b', 1, nan,
'sb'); set(hSub, 'Visible', 'off');
        legend('\it\upsilon', '\it\phi ', 'Location', 'north')
        set(gca, 'fontsize', 15)
```

第九章　径流影响下的潮波传播解析模型

实际河口的几何形状不会收敛为零，而是趋近于一个常数，为了更好地表示河口区这种喇叭 – 棱柱型的特征，河口的潮平均横截面积 $\overline{A}$、宽度 $\overline{B}$ 的沿程变化可用以下函数来表示：

$$\overline{A} = \overline{A_r} + (\overline{A_0} - \overline{A_r})\exp\left(-\frac{x}{a}\right) \tag{9.1}$$

$$\overline{B} = \overline{B_r} + (\overline{B_0} - \overline{B_r})\exp\left(-\frac{x}{b}\right) \tag{9.2}$$

式中，$\overline{A_0}$ 和 $\overline{B_0}$ 分别表示口门的横截面积与宽度，$\overline{A_r}$ 和 $\overline{B_r}$ 分别表示向上游最终趋近的横截面积与宽度，a 和 b 分别表示横截面积和宽度的收敛长度。

径流影响下的潮波传播解析模型依然采用三阶精度切比雪夫多项式分解方法（Dronkers，1964），将非线性摩擦项中的二次流速项分解成一个一阶项和一个三阶项：

$$U|U| = \frac{1}{\pi}(p_0 v^2 + p_1 v U + p_2 U^2 + p_3 U^3 / v) \tag{9.3}$$

式中，流速 U 由径流流速 U_r 与潮波流速 U_t 两部分组成：

$$U = U_t - U_r = v\sin(\omega t) - Q/\overline{A} \tag{9.4}$$

其中，Q 表示径流流量。在式（9.3）中，p_i（$i = 0, 1, 2, 3$）表示切比雪夫系数（见 Dronkers，1964），可用 $\alpha = \arccos(-\varphi)$ 的函数来描述（$\varphi = U_r / v$ 表示无量纲径流参数）：

$$p_0 = -\frac{7}{120}\sin(2\alpha) + \frac{1}{24}\sin(6\alpha) - \frac{1}{60}\sin(8\alpha) \tag{9.5}$$

$$p_1 = \frac{7}{6}\sin\alpha - \frac{7}{30}\sin(3\alpha) - \frac{7}{30}\sin(5\alpha) + \frac{1}{10}\sin(7\alpha) \tag{9.6}$$

$$p_2 = \pi - 2\alpha + \frac{1}{3}\sin(2\alpha) + \frac{19}{30}\sin(4\alpha) - \frac{1}{5}\sin(6\alpha) \tag{9.7}$$

$$p_3 = \frac{4}{3}\sin\alpha - \frac{2}{3}\sin(3\alpha) + \frac{2}{15}\sin(5\alpha) \tag{9.8}$$

基于式（9.3），径流影响下河口潮波传播的解析解可通过解以下包含 4 个非线性方程的方程组得到（详细推导见 Cai、Savenije 和 Jiang 等，2016）。

波速方程：

$$\lambda^2 = 1 - \delta(\gamma - \delta) \tag{9.9}$$

潮波衰减（增大）方程：

$$\delta = \frac{\mu^2(\gamma\theta - \chi\mu\lambda\Gamma)}{1 + \mu^2\beta} \tag{9.10}$$

相位方程：

$$\tan \varepsilon = \frac{\lambda}{\gamma - \delta} \tag{9.11}$$

尺度方程：

$$\mu = \frac{\sin \varepsilon}{\lambda} = \frac{\cos \varepsilon}{\gamma - \delta} \tag{9.12}$$

在式（9.10）中，

$$\Gamma = \frac{1}{\pi} [p_1 - 2p_2\varphi + p_3\varphi^2 (3 + \mu^2\lambda^2/\varphi^2)], \beta = \theta - r_s\zeta\varphi/(\mu\lambda),$$

$$\theta = 1 - (\sqrt{1 + \zeta} - 1)\varphi/(\mu\lambda) \tag{9.13}$$

与第四章介绍的基于切比雪夫多项式线性化的潮波传播解析解相比较，两者的差异仅在于潮波衰减（或增大）方程，具体来说两个差异，即摩擦项中是否考虑径流和是否考虑径流引起的余水位效应。由于式（9.9）至式（9.12）不能得到显式解，因此需要采用数值方法（如牛顿－拉普林迭代方法）求解该方程组。图9.1 显示了给定口门潮波振幅与上游流量条件下主要潮波振幅随着河口形状参数与摩擦参数的等值线变化，其中$\zeta = 0.1$，$\varphi = 0.5$，$r_s = 1$。

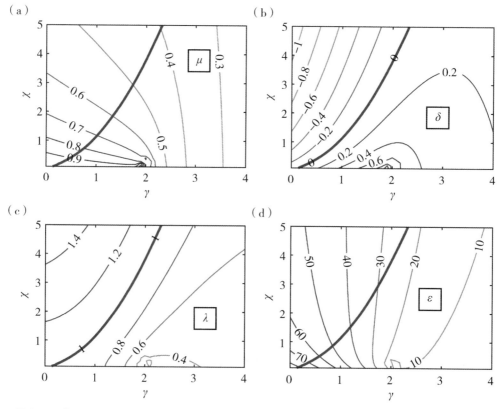

图9.1　主要无量纲潮波变量随着无量纲河口形状参数 γ 和无量纲摩擦参数 χ 的等值线变化

基于由式（9.9）至式（9.12）组成的隐函数方程组，可求得河口地形、径流及摩擦影响下的潮波衰减速率、传播速度、无量纲径流量等，但在潮波衰减方程中，无量纲

径流量 φ 的值取决于未知变量流速振幅的大小，同时，模型中所用的潮平均水深还取决于未知数余水位的大小，因此方程组的解析解需要通过迭代算法取得。图 9.2 显示了河口区相关水位的关系。当上游径流量较小时，沿程余水位的大小与相对海平面的水深值相比可忽略，即 $\bar{z} \ll \bar{h}$，但当径流作用（特别是洪季时候河口上游段）逐渐变强时，余水位的影响不可忽略。为考虑余水位对潮波传播的影响，模型采用以下迭代过程来计算。

（1）假定上游径流量 $Q = 0$，模型的潮波变量 μ、λ 和 υ 可用无径流条件下的解析模型来计算。

（2）考虑径流 Q 的影响，利用（1）中得到的流速振幅 υ 计算初始 φ，解由式（9.9）至式（9.12）组成的方程组，可得主要潮波变量 δ、μ、λ、υ 和 ε。

（3）基于动量守恒方程，余水位坡度主要与摩擦项相平衡，计算得到沿程的余水位，并更新河口沿程的水深值，即 $\bar{h}_{\text{new}} = \bar{h} + \bar{z}$。

（4）重复上述过程直到模型结果收敛。

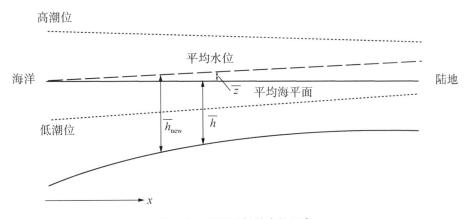

图 9.2　河口区相关水位示意

值得注意的是，δ、μ、λ 和 ε 这 4 个变量均表示局部化的潮波变量，其量值取决于无量纲潮波振幅 ζ、河口地形 γ、底床摩擦 χ 和无量纲径流量 φ 这 4 个局地变量。为准确重构整个河口区沿程的水动力情况，将整个河口区划分为不同的区间来逐段计算潮波变量的沿程变化。给定口门处潮波振幅 η_0、地形和摩擦，通过解由式（9.9）至式（9.12）组成的方程组，可得口门处的潮波衰减幅度因子 δ，因此，距口门 Δx（如 1 km）处的潮波振幅 η_1 可以通过简单的线性积分来计算：

$$\eta_1 = \eta_0 + \frac{\mathrm{d}\eta}{\mathrm{d}x}\Delta x = \eta_0 + \frac{\eta_0 \omega \delta}{c_0}\Delta x \tag{9.14}$$

基于每个区间计算得到的 η_1 和地形特征，主要潮波变量 δ、μ、λ 和 ε 均可通过解由式（9.9）至式（9.12）组成的方程组得到，这个过程可在每个区间重复，直到将整个河口区的潮波变量计算出来。

实例分析

以长江河口为例，口门潮波边界为天生港潮位站的潮波振幅和周期，上游流量边界设在大通水文站，全长约 500 km。采用本章介绍的径流影响下的潮波传播解析模型反演长江河口 2003—2014 年沿程主要潮波变量的形成变化过程。解析模型的率定参数为 Manning-Strickler 摩擦因子 K，天生港站往上游 42 km 的河段模型率定的 K 值为 80 $m^{1/3} \cdot s^{-1}$，而 42 km 以上的河段 K 值为 55 $m^{1/3} \cdot s^{-1}$。下段的 K 值较大，这与该段动力为潮流优势有关，底质以淤泥为主；上游的 K 值较小，这与该段动力为河流优势有关，底质以细砂和砂为主。模型计算出的潮波振幅和余水位与实测值的线性相关系数 R^2 均大于 0.9（如图 9.3 所示），这表明解析模型可较好地反演出本研究区域的潮波变化特征。

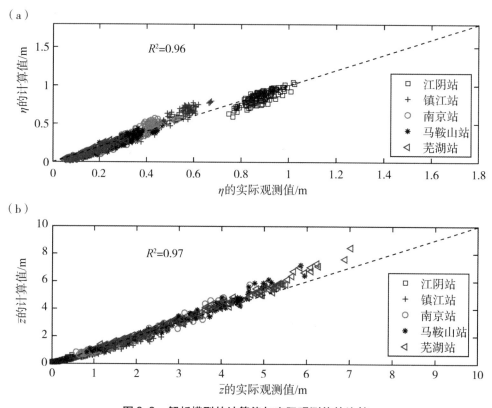

图 9.3　解析模型的计算值与实际观测值的比较

附录 9：径流影响下的潮波传播解析模型 MATLAB 经典程序

- **模型输入：**
  1）河口水深；2）河口断面面积辐聚长度；3）Manning-Strickler 摩擦系数；4）口门处潮波振幅；5）口门处潮波周期；6）河口长度；7）流量。
- **模型输出：**
  1）潮波振幅；2）初始水深与实际水深。

- 模型示例:

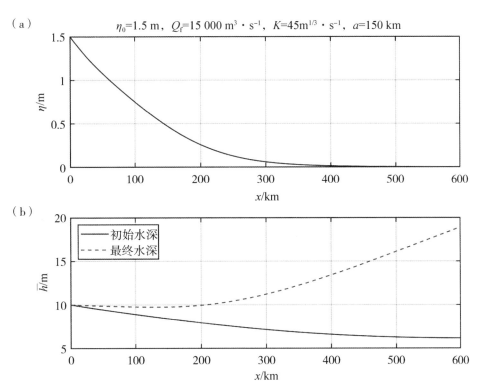

图 A9.1　径流影响下潮波振幅和实际水深的沿程变化

- Matlab 代码:

➤ 基径流影响下的潮波传播解析解（对应图 A9.1）

```
% * * * * * * * * * Analytical forward model accounting for river discharge * *
% * * * * * * * * * including the effect of residual water level slope * * * * * * *
% * * * * * * * * * Output:
%                          eta_Qf----> Tidal amplitude (m)
%                          h_Qf----> Final mean depth (m)
%                          v_Qf----> Tidal velocity amplitude (m/s)
%                          c_Qf----> wave celerity (m/s)
%                          mu_Qf----> velocity number (-)
%                          delta_Qf-- -> damping number (-)
%                          lambda_Qf-- -> celerity number (-)
%                          epsilon_Qf-- -> phase lag
% * * * * * * * * * Input:
%              L----> estuary length (km)
%              eta0----> tidal amplitude at the mouth (m)
%              Q----> river discharge (m^3/s)
```

```
%                    rs1 ----> dimensionless storage width ratio ( − )
%                    T ----> tidal period ( s )
%                    a1 ----> convergence length of cross-sectional area ( m )
%                    b1 ----> convergence length of width ( m )
%                    A0 ----> cross-sectional area at the estuary mouth ( m )
%                    A_min ----> the vanishing cross-sectional area when distance approaches
infinity ( m )
%                    B0 ----> width at the estuary mouth ( m )
%                    B_min ----> the vanishing width when distance approaches infinity ( m )
%                    h0 ----> depth at the estuary mouth ( m )
%                    K1 ----> Manning-Strickler friction coefficient ( m^( 1/3) s^( −1 ) )
% * * * * * * * * * * * * * * * * * * * * * * * * * * * * * * * * * *
% Author: Huayang Cai ( caihy7@ mail. sysu. edu. cn)
% Date: 03/01/2019
% * * * * * * * * * * * * * * * * * * * * * * * * * * * * * * * * * *
clc, clear all
close all
L = 600; % length of the estuary
dx = 1000; % distance interval
x = 0: dx: L * 1000;
T = 12. 42 * 3600; % tidal period
w = 2 * pi/T; % tidal frequency
g = 9. 81; % gravity acceleration
eta0 = 1. 5; % tidal amplitude at the estuary mouth
eta( 1) = eta0;
% * * * * * * * * Input of river discharge * * * * * * * * * * * * * * * *
Q = 15000; % river discharge imposed at the landward boundary
% * * * * * * * * * Input of estuarine geometry * * * * * * * * * * * * * * *
A0 = 50000; % the cross-sectional area at the estuary mouth
A_min = 2000; % the vanishing cross-sectional area when distance approaches infinity
B0 = 5000; % the width at the estuary mouth
B_min = 300; % the vanishing width when distance approaches infinity
a1 = 150 * 1000; % convergence length for cross-sectional area
b1 = 180 * 1000; % convergence length for width
K1 = 45; % Manning-Strickler friction coefficient
rs1 = 1; % Storage width ratio
        % * * * * * * * * * * * * * * * * * * * * * * * * * * * * * * * * *
* * * * * * *
```

```
for i = 1: length( x)
    rs( i) = rs1;
    Ks( i) = K1;
    Qf( i) = Q;
    A( i) = A_min + ( A0 - A_min) * exp( - ( x( i)/a1)); % cross-sectional area
    B( i) = B_min + ( B0 - B_min) * exp( - ( x( i)/b1)); % width
    h( i) = A( i)/B( i); % cross-sectional area
    c0( i) = sqrt(( g * h( i))/rs( i)); % the classical wave celerity
    gamma( i) = c0( i) * ( A0 - A_min) * exp( - x( i)/a1)/( a1 * w * ( A_min +
( A0 - A_min) * exp( - x( i)/a1))); % estuary shape number
    vdis( i) = Qf( i)/A( i); % fresh water flow velocity
end
h0 = h;
```

% * * * * * * * * * end of input of the geometry * * * * * * * * * * * * * * *
* * * * * * * * * * * * * *

% * * * * * * * * * start of the model calculation * * * * * * * * * * * * * *
* * * * * * * * * * * * *

```
zeta( 1) = eta( 1)/h( 1); % the tidal amplitude - to - depth ratio
f( 1) = g/( Ks( 1)^2 * h( 1)^( 1/3))/( 1 - ( 1. 33 * zeta( 1))^2); % dimensionless
```
friction factor
```
chi( 1) = rs( 1) * f( 1) * c0( 1) * zeta( 1)/( w * h( 1)); % friction number
[ mu( 1), delta( 1), lambda( 1), epsilon( 1)] = f_dronkers_2014( gamma( 1), chi( 1)); %
```
Analytical model without considering river discharge
```
Eta_Dx( 1) = delta( 1) * eta( 1) * w/c0( 1); % the rate of tidal damping
v( 1) = eta( 1) * c0( 1) * rs( 1) * mu( 1)/h( 1); % the real scale of velocity
c( 1) = c0( 1)/lambda( 1); % the wave celerity
```

% *
* * * * * * * * *

```
for i = 1: length( x) - 1
    eta( i + 1) = eta( i) + Eta_Dx( i) * dx; % Integration of the damping number
    zeta( i + 1) = eta( i + 1)/h( i + 1); % the tidal amplitude - to - depth ratio
    f( i + 1) = g/( Ks( i + 1)^2 * h( i + 1)^( 1/3))/( 1 - ( 1. 33 * zeta( i + 1))^2);
    chi( i + 1) = rs( i + 1) * f( i + 1) * c0( i + 1) * zeta( i + 1)/( w * h( i + 1));
    [ mu( i + 1), delta( i + 1), lambda( i + 1), epsilon( i + 1)] = f_dronkers_2014( gam-
ma( i + 1), chi( i + 1));
    Eta_Dx( i + 1) = delta( i + 1) * eta( i + 1) * w/c0( i + 1); % the rate of
tidal damping
    v( i + 1) = eta( i + 1) * c0( i + 1) * rs( i + 1) * mu( i + 1)/h( i + 1); % the real
```

scale of velocity

```
            c( i + 1) = c0( i + 1)/lambda( i + 1) ; % the wave celerity
    end
    % * * * * * * * * * * * * The influence of river discharge on tidal damping * *
    mu_zero = mu;
    lambda_zero = lambda;
    delta_zero = delta;
    epsilon_zero = epsilon;
    mu_Qf = mu;
    lambda_Qf = lambda;
    delta_Qf = delta;
    epsilon_Qf = epsilon;
    sum_error = 1;
    kk = 0;
    while ( sum_error > 0. 01 & kk < 50)
    kk = kk + 1;
    eta_Qf( 1) = eta0;
    zeta( 1) = eta_Qf( 1)/h( 1) ;
    % * * * * * * * * * * * * * * * * * * * * * * * * * * * * * * * * * * *
    f( 1) = ( g/( Ks( 1)^2 * h( 1) ^( 1/3)))/( 1 - ( 1. 33 * zeta( 1))^2) ; % the dimensionless
friction factor
    chi_Qf( 1) = ( rs( 1) * f( 1) * c0( 1) * eta_Qf( 1))/( w * h( 1)^2) ; % the friction number
    phi( 1) = Qf( 1)/( A( 1) * v( 1)) ;
    x0 = [ mu_Qf( 1), delta_Qf( 1), lambda_Qf( 1)]';
    ga = acos( - phi( 1)) ;
    if( phi( 1) = =0)
        p0 = 0; p2 = 0; p1 = 16/15; p3 = 32/15;
    elseif( phi( 1) > 1)
        p0 = 0; p1 = 0; p3 = 0; p2 = - pi;
    else
    p0 = - 7 * sin( 2 * ga)/120 + sin( 6 * ga)/24 - sin( 8 * ga)/60;
    p1 = 7 * sin( ga)/6 - 7 * sin( 3 * ga)/30 - 7 * sin( 5 * ga)/30 + sin( 7 * ga)/10;
    p2 = pi - 2 * ga + sin( 2 * ga)/3 + 19 * sin( 4 * ga)/30 - sin( 6 * ga)/5;
    p3 = 4 * sin( ga)/3 - 2 * sin( 3 * ga)/3 + 2 * sin( 5 * ga)/15;
    end
    [ y, iter] = findzero_dronkers_discharge( gamma( 1), chi_Qf( 1), rs( 1), phi( 1), zeta( 1),
x0) ;
    mu_Qf( 1) = y( 1) ;
```

```
delta_Qf(1) = y(2);
lambda_Qf(1) = y(3);
epsilon_Qf(1) = atan(y(3)/(gamma(1) - y(2)));
v_Qf(1) = eta_Qf(1) * c0(1) * rs(1) * mu_Qf(1)/h(1);  % the real scale of velocity
Eta_Dxf(1) = delta_Qf(1) * eta_Qf(1) * w/c0(1);
c_Qf(1) = c0(1)/lambda_Qf(1);
h_Qf(1) = h0(1);
c0_Qf(1) = sqrt(g * h_Qf(1)/rs(1));
gamma_Qf(1) = c0_Qf(1) * (A0 - A_min) * exp(-x(1)/a1)/(a1 * w * (A_min +
(A0 - A_min) * exp(-x(1)/a1)));
A_Qf(1) = B(1) * h_Qf(1);
vdis_Qf(1) = Qf(1)/A_Qf(1);
f_av(1) = (p2 * v_Qf(1)^3 + 2 * p0 * v_Qf(1)^3 - 2 * p3 * vdis_Qf(1)^3 - 2 * p1 * v_
Qf(1)^2 * vdis_Qf(1) + ...
          2 * p2 * v_Qf(1) * vdis_Qf(1)^2 - 3 * p3 * vdis_Qf(1) * v_Qf(1)^2)/(2 * v_
Qf(1));
f_av(1) = f_av(1)/(Ks(1)^2 * h_Qf(1)^(4/3) * pi);
% * * * * * * * * * * * * * * * * start to loop * * * * * * * * * * * * * * * *
for i = 1: length(x) - 1
eta_Qf(i + 1) = eta_Qf(i) + Eta_Dxf(i) * dx;  % Integration of the damping number
zeta(i + 1) = eta_Qf(i + 1)/h(i + 1);  % the dimensionless amplitude
f(i + 1) = (g/(Ks(i + 1)^2 * h(i + 1)^(1/3)))/(1 - (1.33 * zeta(i + 1))^2);  % the di-
mensionless friction factor
chi_Qf(i + 1) = (rs(i + 1) * f(i + 1) * c0(i + 1) * eta_Qf(i + 1))/(w * h(i + 1)^2);  %
the friction number
phi(i + 1) = Qf(i + 1)/(A(i + 1) * v(i + 1));
x0 = [mu_Qf(i + 1), delta_Qf(i + 1), lambda_Qf(i + 1)]';
ga = acos(-phi(i));
if(phi(i) = =0)
    p0 = 0; p2 = 0; p1 = 16/15; p3 = 32/15;
elseif(phi(i) >1)
    p0 = 0; p1 = 0; p3 = 0; p2 = -pi;
else
p0 = -7 * sin(2 * ga)/120 + sin(6 * ga)/24 - sin(8 * ga)/60;
p1 = 7 * sin(ga)/6 - 7 * sin(3 * ga)/30 - 7 * sin(5 * ga)/30 + sin(7 * ga)/10;
p2 = pi - 2 * ga + sin(2 * ga)/3 + 19 * sin(4 * ga)/30 - sin(6 * ga)/5;
p3 = 4 * sin(ga)/3 - 2 * sin(3 * ga)/3 + 2 * sin(5 * ga)/15;
end
```

```
[ y, iter] = findzero_dronkers_discharge( gamma( i + 1) , chi_Qf( i + 1) , rs( i + 1) , phi( i +
1) , zeta( i + 1) , x0) ;
%%
mu_Qf( i + 1) = y( 1) ;
delta_Qf( i + 1) = y( 2) ;
lambda_Qf( i + 1) = y( 3) ;
epsilon_Qf( i + 1) = atan( y( 3) /( gamma( i + 1) − y( 2) ) ) ;
v_Qf( i + 1) = eta_Qf( i + 1) * c0( i + 1) * rs( i + 1) * mu_Qf( i + 1) /h( i + 1) ; % the real
scale of velocity
Eta_Dxf( i + 1) = delta_Qf( i + 1) * eta_Qf( i + 1) * w/c0( i + 1) ;
c_Qf( i + 1) = c0( i + 1) /lambda_Qf( i + 1) ;
h_Qf( i + 1) = − sum( f_av( 1: i) . * dx) + h0( i + 1) ;
c0_Qf( i + 1) = sqrt( g * h_Qf( i + 1) /rs( i + 1) ) ;
gamma_Qf( i + 1) = c0_Qf( i + 1) * ( A0 − A_min) * exp( − x( i + 1) /a1) /( a1 * w * ( A_
min + ( A0 − A_min) * exp( − x( i + 1) /a1) ) ) ;
A_Qf( i + 1) = B( i + 1) * h_Qf( i + 1) ;
vdis_Qf( i + 1) = Qf( i + 1) /A_Qf( i + 1) ;
f_av( i + 1) = ( p2 * v_Qf( i + 1) ^3 + 2 * p0 * v_Qf( i + 1) ^3 − 2 * p3 * vdis_Qf( i + 1) ^3 −
2 * p1 * v_Qf( i + 1) ^2 * vdis_Qf( i + 1) + ...
        2 * p2 * v_Qf( i + 1) * vdis_Qf( i + 1) ^2 − 3 * p3 * vdis_Qf( i + 1) * v_Qf( i + 1) ^2) /
( 2 * v_Qf( i + 1) ) ;
    f_av( i + 1) = f_av( i + 1) /( Ks( i + 1) ^2 * h_Qf( i + 1) ^( 4/3) * pi) ;
end
gamma_z = c0_Qf. /w. * gradient( h_Qf, dx) . /h_Qf ;
if( Q = =0 & kk = =1)
    sum_error = 1;
else
sum_error = sum( abs( lambda_zero − lambda_Qf) + abs( mu_zero − mu_Qf) + abs( delta_
zero − delta_Qf) )
end
    lambda_zero = lambda_Qf;
    mu_zero = mu_Qf;
    delta_zero = delta_Qf;
    v = sqrt( v_Qf. /v) . * v_Qf;
    h = sqrt( h_Qf. /h) . * h_Qf;
    c0 = sqrt( c0_Qf. /c0) . * c0_Qf;
    gamma = gamma_Qf − gamma_z;
    A = A_Qf;
```

```
        vdis = vdis_Qf;
        if( sum_error < 0. 01)
            kk2 = kk;  % number of iteration to satisfy tolerance
            disp( [ 'Number of iteration to satisfy tolerance ', num2str( kk2) ] )
            break
        end
    end
% %
alpha = acos( − phi) ;
for i = 1: length( phi)
if( phi( i) = = 0)
    p0( i) = 0; p2( i) = 0; p1( i) = 16/15; p3( i) = 32/15;
elseif( phi( i) > 1)
    p0( i) = 0; p1( i) = 0; p3( i) = 0; p2( i) = − pi;
else
p0( i) = − 7 ∗ sin( 2 ∗ alpha( i) ) /120 + sin( 6 ∗ alpha( i) ) /24 − sin( 8 ∗ alpha( i) ) /60;
p1( i) = 7 ∗ sin( alpha( i) ) /6 − 7 ∗ sin( 3 ∗ alpha( i) ) /30 − 7 ∗ sin( 5 ∗ alpha( i) ) /30 + sin
( 7 ∗ alpha( i) ) /10;
    p2( i) = pi − 2 ∗ alpha( i) + sin( 2 ∗ alpha( i) ) /3 + 19 ∗ sin( 4 ∗ alpha( i) ) /30 − sin( 6 ∗
alpha( i) ) /5;
    p3( i) = 4 ∗ sin( alpha( i) ) /3 − 2 ∗ sin( 3 ∗ alpha( i) ) /3 + 2 ∗ sin( 5 ∗ alpha( i) ) /15;
    end
    end
% contribution made by different components
dhdx = gradient( h − h0, dx) ;
f_t = ( p2 + 2. ∗ p0) . ∗ v_Qf. ^2. /2. /( Ks. ^2. ∗ h. ^( 4. /3) . ∗ pi) ;
f_r = p2. ∗ vdis_Qf. ^2. /( Ks. ^2. ∗ h. ^( 4. /3) . ∗ pi) − p3. ∗ vdis_Qf. ^3. /v_Qf. /( Ks. ^
2. ∗ h. ^( 4. /3) . ∗ pi) ;
    f_tr = ( − p1. ∗ v_Qf. ∗ vdis_Qf − 1. 5. ∗ p3. ∗ vdis_Qf. ∗ v_Qf) . /( Ks. ^2. ∗ h. ^( 4. /
3) . ∗ pi) ;
f_total = f_t + f_r + f_tr;
% ∗ ∗ ∗ ∗ ∗ ∗ ∗ ∗ ∗ ∗ ∗ ∗ ∗ ∗ ∗ plot ∗ ∗ ∗ ∗ ∗ ∗ ∗ ∗ ∗ ∗ ∗ ∗ ∗ ∗ ∗ ∗ ∗ ∗
figure1 = figure;
subplot( 211)
plot( x, eta_Qf, ' − b') % longitudinal variation of tidal amplitude
grid on
set( gca, 'XTick', 0: 100000: 600000)
set( gca, 'XTickLabel', { '0', '100', '200', '300', '400', '500', '600'} )
```

```
ylabel('\it\eta\rm/m')
title(['\it\eta\rm{_0}\rm =', num2str(eta0),' m, \itQ\rm{_f}\rm =',
num2str(Q),...
       ' m^3s^{-1}, \itK\rm =', num2str(K1),' m^{1/3}s^{-1}, \ita\rm =',
num2str(a1/1000),' km'])
text(-30000,1.3,'(a)')
% * * * * * * * * * * *
subplot(212)
plot(x,h0,'-b',x,h,'--r') %%longitudinal variation of depth
grid on
set(gca,'XTick',0:100000:600000)
set(gca,'XTickLabel',{'0','100','200','300','400','500','600'})
xlabel('\itx\rm/km')
ylabel('$$\overline{h}$$/m','Interpreter','Latex')
legend('初始水深','最终水深','location','Northwest')
text(-30000,18,'(b)')
```

第十章　径流影响下余水位梯度的解析分解

基于第九章径流影响下潮波传播的解析模型，可进一步探讨径流影响下余水位梯度的形成演变机制。潮平均条件下且不考虑沿程密度梯度影响，余水位梯度可近似（Cai et al., 2014a, 2014b；Cai, Savenije 和 Jiang 等，2016）为

$$S = \frac{\partial \bar{z}}{\partial x} = -\overline{F} = -\frac{1}{K^2 \bar{h}^{4/3} \pi}(p_0 v^2 + p_1 vU + p_2 U^2 + p_3 U^3/v) \tag{10.1}$$

式中，$\bar{z}$ 表示潮平均水位或余水位。将第八章中求断面平均流速 U 的式（8.2）代入式（10.1），可将余水位梯度分解成 3 个部分，分别代表不同余水位形成的动力机制。

潮动力部分：

$$S_t = \frac{1}{K^2 \bar{h}^{4/3} \pi}\left(\frac{1}{2}p_2 + p_0\right)v^2 \tag{10.2}$$

径流动力部分：

$$S_r = \frac{1}{K^2 \bar{h}^{4/3} \pi}(p_2 - p_3\varphi)U_r^2 \tag{10.3}$$

径潮相互作用部分：

$$S_{tr} = \frac{1}{K^2 \bar{h}^{4/3} \pi}\left(-p_1 - \frac{3}{2}p_3\right)vU_r \tag{10.4}$$

图 10.1 为潮平均水深 $\bar{h} = 10$ m 和 Manning-Strickler 摩擦系数 $K = 45$ m$^{1/3} \cdot$ s^{-1} 条件下余水位梯度在不同径流流速（U_r 为 $0 \sim 2$ m/s）和潮波流速振幅（v 为 $0 \sim 2$ m/s）情况下的等值线图。由图 10.1 可以看出，在一般情况下，余水位梯度（余水位）随着径流和潮流动力的增大而增大。

根据解析计算得到的余水位梯度 $\partial\bar{z}/\partial x$，假定口门处的余水位为 0，则河口沿程的余水位可通过以下公式进行计算：

$$\bar{z} = \int_0^x \frac{\partial \bar{z}}{\partial x}\mathrm{d}x = -\int_0^x \overline{F}\mathrm{d}x - \int_0^x (S_t + S_r + S_{tr})\mathrm{d}x \tag{10.5}$$

实例分析

以长江河口为例，基于沿程 6 个潮位站 2003—2014 年的月均潮位和潮差序列，重构出长江河口洪季和枯季沿程主要潮波变量（δ、λ、μ、ε）、不同动力因素（S_t、S_r、S_{tr}）对余水位坡度的贡献以及水深的变化（如图 10.2 所示）。图 10.2 中虚线表示潮波衰减率极小值对应的位置。

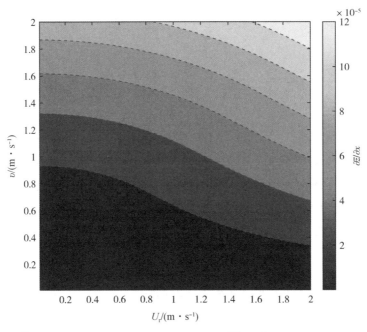

图中潮平均水深 $\bar{h} = 10$ m，Manning-Strickler 摩擦系数 $K = 45$ m$^{1/3}$ · s^{-1}。

图 10.1 余水位梯度 $\partial\bar{z}/\partial x$ 随着径流流速 U_r 和潮波流速振幅 v 的变化等值线

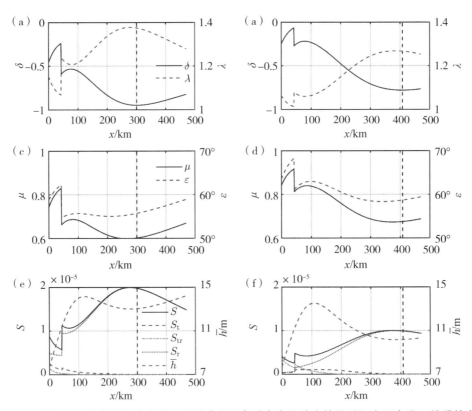

图 10.2 长江口沿程主要潮波变量、不同动力因素对余水位坡度的贡献和水深在洪、枯季的变化

附录 10：径流影响下余水位梯度的解析分解 MATLAB 经典程序

- **模型输入：**

1）河口水深；2）河口断面面积辐聚长度；3）Manning-Strickler 摩擦系数；4）口门处潮波振幅；5）口门处潮波周期；6）河口长度；7）流量。

- **模型输出：**

1）潮波流速振幅；2）径流流速；3）无量纲径流参数；4）余水位梯度；5）余水位梯度分解项。

- **模型示例：**

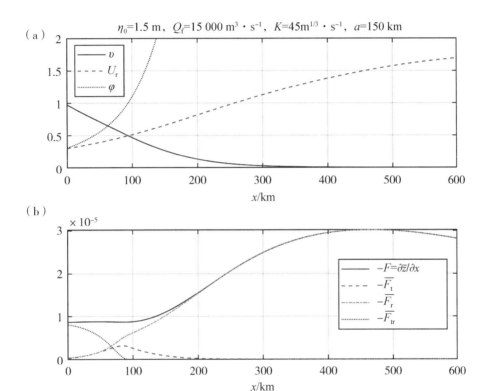

图 A10.1 径流影响下径流流速、潮波流速振幅以及余水位梯度（a）及其分解部分（b）的沿程变化

- **Matlab 代码：**

  ➢ 径流影响下余水位梯度的解析分解（对应图 A10.1）

  ```
  % * * * * * * * * * * Analytical forward model accounting for river discharge * *
  % * * * * * * * * * * including the effect of residual water level slope * * * * * * *
  % * * * * * * * * * * Output:
  %                          eta_Qf----> Tidal amplitude (m)
  %                          h_Qf----> Final mean depth (m)
  %                          v_Qf----> Tidal velocity amplitude (m/s)
  ```

```
%                    c_Qf----> wave celerity ( m/s)
%                    mu_Qf----> velocity number ( − )
%                    delta_Qf-- − > damping number ( − )
%                    lambda_Qf-- − > celerity number ( − )
%                    epsilon_Qf-- − > phase lag
% * * * * * * * * * Input:
%              L----> estuary length ( km)
%              eta0----> tidal amplitude at the mouth ( m)
%              Q----> river discharge ( m^3/s)
%              rs1----> dimensionless storage width ratio ( − )
%              T----> tidal period ( s)
%              a1----> convergence length of cross-sectional area ( m)
%              b1----> convergence length of width ( m)
%              A0----> cross-sectional area at the estuary mouth ( m)
%              A_min----> the vanishing cross-sectional area when distance approaches
infinity ( m)
%              B0----> width at the estuary mouth ( m)
%              B_min----> the vanishing width when distance approaches infinity ( m)
%              h0----> depth at the estuary mouth ( m)
%              K1----> Manning-Strickler friction coefficient ( m^( 1/3) s^( −1))
% * * * * * * * * * * * * * * * * * * * * * * * * * * * * * * * * * * * * * * * *
% Author: Huayang Cai ( caihy7@ mail. sysu. edu. cn)
% Date: 03/01/2019
% * * * * * * * * * * * * * * * * * * * * * * * * * * * * * * * * * * * * * * * *
clc, clear all
close all
L = 600; % length of the estuary
dx = 1000; % distance interval
x = 0: dx: L * 1000;
T = 12. 42 * 3600; % tidal period
w = 2 * pi/T; % tidal frequency
g = 9. 81; % gravity acceleration
eta0 = 1. 5; % tidal amplitude at the estuary mouth
eta( 1) = eta0;
% * * * * * * * * * Input of river discharge * * * * * * * * * * * * * * * * * *
Q = 15000; % river discharge imposed at the landward boundary
% * * * * * * * * * Input of estuarine geometry * * * * * * * * * * * * * * * * * *
A0 = 50000; % the cross-sectional area at the estuary mouth
```

```
A_min = 2000; % the vanishing cross-sectional area when distance approaches infinity
B0 = 5000;    % the width at the estuary mouth
B_min = 300; % the vanishing width when distance approaches infinity
a1 = 150 * 1000; % convergence length for cross-sectional area
b1 = 180 * 1000; % convergence length for width
K1 = 45; % Manning-Strickler friction coefficient
rs1 = 1; % Storage width ratio
% * * * * * * * * * * * * * * * * * * * * * * * * * * * * * * * *
for i = 1: length( x)
    rs( i) = rs1;
    Ks( i) = K1;
    Qf( i) = Q;
    A( i) = A_min + ( A0 - A_min) * exp( - ( x( i)/a1)); % cross-sectional area
    B( i) = B_min + ( B0 - B_min) * exp( - ( x( i)/b1)); % width
    h( i) = A( i)/B( i); % cross-sectional area
    c0( i) = sqrt(( g * h( i))/rs( i)); % the classical wave celerity
    gamma( i) = c0( i) * ( A0 - A_min) * exp( - x( i)/a1)/( a1 * w * ( A_min +
( A0 - A_min) * exp( - x( i)/a1))); % estuary shape number
    vdis( i) = Qf( i)/A( i); % fresh water flow velocity
end
h0 = h;
% * * * * * * * * end of input of the geometry * * * * * * * * * * * * * * * *
% * * * * * * * * * * start of the model calculation * * * * * * * * * * * * * *
zeta( 1) = eta( 1)/h( 1); % the tidal amplitude - to - depth ratio
f( 1) = g/( Ks( 1)^2 * h( 1)^( 1/3))/( 1 - ( 1.33 * zeta( 1))^2); % dimensionless
friction factor
chi( 1) = rs( 1) * f( 1) * c0( 1) * zeta( 1)/( w * h( 1)); % friction number
[ mu( 1), delta( 1), lambda( 1), epsilon( 1)] = f_dronkers_2014( gamma( 1), chi( 1)); %
Analytical model without considering river discharge
Eta_Dx( 1) = delta( 1) * eta( 1) * w/c0( 1); % the rate of tidal damping
v( 1) = eta( 1) * c0( 1) * rs( 1) * mu( 1)/h( 1); % the real scale of velocity
c( 1) = c0( 1)/lambda( 1); % the wave celerity
% * * * * * * * * * * * * * * * * * * * * * * * * * * * * * * * * * * * * * * * * *
for i = 1: length( x) - 1
    eta( i + 1) = eta( i) + Eta_Dx( i) * dx; % Integration of the damping number
    zeta( i + 1) = eta( i + 1)/h( i + 1); % the tidal amplitude - to - depth ratio
    f( i + 1) = g/( Ks( i + 1)^2 * h( i + 1)^( 1/3))/( 1 - ( 1.33 * zeta( i + 1))^2);
    chi( i + 1) = rs( i + 1) * f( i + 1) * c0( i + 1) * zeta( i + 1)/( w * h( i + 1));
```

```
        [mu(i+1),delta(i+1),lambda(i+1),epsilon(i+1)] = f_dronkers_2014(gamma(i+1),chi(i+1));
            Eta_Dx(i+1) = delta(i+1) * eta(i+1) * w/c0(i+1); % the rate of tidal damping
            v(i+1) = eta(i+1) * c0(i+1) * rs(i+1) * mu(i+1)/h(i+1); % the real scale of velocity
            c(i+1) = c0(i+1)/lambda(i+1); % the wave celerity
    end
    % * * * * * * * * * * * * * The influence of river discharge on tidal damping * *
    mu_zero = mu;
    lambda_zero = lambda;
    delta_zero = delta;
    epsilon_zero = epsilon;
    mu_Qf = mu;
    lambda_Qf = lambda;
    delta_Qf = delta;
    epsilon_Qf = epsilon;
    sum_error = 1;
    kk = 0;
    while ( sum_error > 0.01 & kk < 50)
    kk = kk + 1;
    eta_Qf(1) = eta0;
    zeta(1) = eta_Qf(1)/h(1);
    % * * * * * * * * * * * * * * * * * * * * * * * * * * * * * * * * * * * *
    f(1) = (g/(Ks(1)^2 * h(1)^(1/3)))/(1 - (1.33 * zeta(1))^2); % the dimensionless friction factor
    chi_Qf(1) = (rs(1) * f(1) * c0(1) * eta_Qf(1))/(w * h(1)^2); % the friction number
    phi(1) = Qf(1)/(A(1) * v(1));
    x0 = [mu_Qf(1), delta_Qf(1), lambda_Qf(1)]';
    ga = acos(-phi(1));
    if(phi(1) == 0)
        p0 = 0; p2 = 0; p1 = 16/15; p3 = 32/15;
    elseif(phi(1) > 1)
        p0 = 0; p1 = 0; p3 = 0; p2 = -pi;
    else
    p0 = -7 * sin(2 * ga)/120 + sin(6 * ga)/24 - sin(8 * ga)/60;
    p1 = 7 * sin(ga)/6 - 7 * sin(3 * ga)/30 - 7 * sin(5 * ga)/30 + sin(7 * ga)/10;
    p2 = pi - 2 * ga + sin(2 * ga)/3 + 19 * sin(4 * ga)/30 - sin(6 * ga)/5;
```

```
    p3 = 4 * sin( ga)/3 - 2 * sin( 3 * ga)/3 + 2 * sin( 5 * ga)/15;
    end
    [ y,iter] = findzero_dronkers_discharge( gamma( 1) , chi_Qf( 1) , rs( 1) , phi( 1) , zeta( 1) ,
x0) ;
    mu_Qf( 1) = y( 1) ;
    delta_Qf( 1) = y( 2) ;
    lambda_Qf( 1) = y( 3) ;
    epsilon_Qf( 1) = atan( y( 3)/( gamma( 1) - y( 2) ) ) ;
    v_Qf( 1) = eta_Qf( 1) * c0( 1) * rs( 1) * mu_Qf( 1)/h( 1) ; % the real scale of velocity
    Eta_Dxf( 1) = delta_Qf( 1) * eta_Qf( 1) * w/c0( 1) ;
    c_Qf( 1) = c0( 1)/lambda_Qf( 1) ;
    h_Qf( 1) = h0( 1) ;
    c0_Qf( 1) = sqrt( g * h_Qf( 1)/rs( 1) ) ;
    gamma_Qf( 1) = c0_Qf( 1) * ( A0 - A_min) * exp( - x( 1)/a1)/( a1 * w * ( A_min +
( A0 - A_min) * exp( - x( 1)/a1) ) ) ;
    A_Qf( 1) = B( 1) * h_Qf( 1) ;
    vdis_Qf( 1) = Qf( 1)/A_Qf( 1) ;
    f_av( 1) = ( p2 * v_Qf( 1) ^3 + 2 * p0 * v_Qf( 1) ^3 - 2 * p3 * vdis_Qf( 1) ^3 - 2 * p1 * v_
Qf( 1) ^2 * vdis_Qf( 1) + ...
        2 * p2 * v_Qf( 1) * vdis_Qf( 1) ^2 - 3 * p3 * vdis_Qf( 1) * v_Qf( 1) ^2)/( 2 * v_
Qf( 1) ) ;
    f_av( 1) = f_av( 1)/( Ks( 1) ^2 * h_Qf( 1) ^( 4/3) * pi) ;
    % * * * * * * * * * * * * * * * * start to loop * * * * * * * * * * * * * * *
    for i = 1: length( x) - 1
    eta_Qf( i + 1) = eta_Qf( i) + Eta_Dxf( i) * dx; % Integration of the damping number
    zeta( i + 1) = eta_Qf( i + 1)/h( i + 1) ; % the dimensionless amplitude
    f( i + 1) = ( g/( Ks( i + 1) ^2 * h( i + 1) ^( 1/3) ) )/( 1 - ( 1. 33 * zeta( i + 1) ) ^2) ; % the
dimensionless friction factor
    chi_Qf( i + 1) = ( rs( i + 1) * f( i + 1) * c0( i + 1) * eta_Qf( i + 1) )/( w * h( i + 1) ^2) ; %
the friction number
    phi( i + 1) = Qf( i + 1)/( A( i + 1) * v( i + 1) ) ;
    x0 = [ mu_Qf( i + 1) , delta_Qf( i + 1) , lambda_Qf( i + 1) ] ';
    ga = acos( - phi( i) ) ;
    if( phi( i) = = 0)
        p0 = 0; p2 = 0; p1 = 16/15; p3 = 32/15;
    elseif( phi( i) > 1)
        p0 = 0; p1 = 0; p3 = 0; p2 = - pi;
    else
```

```
p0 = -7 * sin(2 * ga)/120 + sin(6 * ga)/24 - sin(8 * ga)/60;
p1 = 7 * sin(ga)/6 - 7 * sin(3 * ga)/30 - 7 * sin(5 * ga)/30 + sin(7 * ga)/10;
p2 = pi - 2 * ga + sin(2 * ga)/3 + 19 * sin(4 * ga)/30 - sin(6 * ga)/5;
p3 = 4 * sin(ga)/3 - 2 * sin(3 * ga)/3 + 2 * sin(5 * ga)/15;
end
[y, iter] = findzero_dronkers_discharge(gamma(i + 1), chi_Qf(i + 1), rs(i + 1), phi(i +
1), zeta(i + 1), x0);
%%
mu_Qf(i + 1) = y(1);
delta_Qf(i + 1) = y(2);
lambda_Qf(i + 1) = y(3);
epsilon_Qf(i + 1) = atan(y(3)/(gamma(i + 1) - y(2)));
v_Qf(i + 1) = eta_Qf(i + 1) * c0(i + 1) * rs(i + 1) * mu_Qf(i + 1)/h(i + 1); % the real
scale of velocity
Eta_Dxf(i + 1) = delta_Qf(i + 1) * eta_Qf(i + 1) * w/c0(i + 1);
c_Qf(i + 1) = c0(i + 1)/lambda_Qf(i + 1);
h_Qf(i + 1) = -sum(f_av(1:i). * dx) + h0(i + 1);
c0_Qf(i + 1) = sqrt(g * h_Qf(i + 1)/rs(i + 1));
gamma_Qf(i + 1) = c0_Qf(i + 1) * (A0 - A_min) * exp(-x(i + 1)/a1)/(a1 * w * (A_
min + (A0 - A_min) * exp(-x(i + 1)/a1)));
A_Qf(i + 1) = B(i + 1) * h_Qf(i + 1);
vdis_Qf(i + 1) = Qf(i + 1)/A_Qf(i + 1);
f_av(i + 1) = (p2 * v_Qf(i + 1)^3 + 2 * p0 * v_Qf(i + 1)^3 - 2 * p3 * vdis_Qf(i + 1)^3 -
2 * p1 * v_Qf(i + 1)^2 * vdis_Qf(i + 1) + ...
    2 * p2 * v_Qf(i + 1) * vdis_Qf(i + 1)^2 - 3 * p3 * vdis_Qf(i + 1) * v_Qf(i + 1)^2)/
(2 * v_Qf(i + 1));
    f_av(i + 1) = f_av(i + 1)/(Ks(i + 1)^2 * h_Qf(i + 1)^(4/3) * pi);
end
gamma_z = c0_Qf./w. * gradient(h_Qf, dx)./h_Qf;
if(Q == 0 & kk == 1)
    sum_error = 1;
else
sum_error = sum(abs(lambda_zero - lambda_Qf) + abs(mu_zero - mu_Qf) + abs(delta_
zero - delta_Qf))
end
    lambda_zero = lambda_Qf;
    mu_zero = mu_Qf;
    delta_zero = delta_Qf;
```

```
v = sqrt( v_Qf. /v) . * v_Qf;
h = sqrt( h_Qf. /h) . * h_Qf;
c0 = sqrt( c0_Qf. /c0) . * c0_Qf;
gamma = gamma_Qf - gamma_z;
A = A_Qf;
vdis = vdis_Qf;
if( sum_error < 0. 01)
      kk2 = kk;  % number of iteration to satisfy tolerance
      disp( [ 'Number of iteration to satisfy tolerance ', num2str( kk2) ] )
      break
    end
  end
% %
alpha = acos( - phi) ;
for i = 1: length( phi)
if( phi( i) = = 0)
    p0( i) = 0; p2( i) = 0; p1( i) = 16/15; p3( i) = 32/15;
elseif( phi( i) > 1)
    p0( i) = 0; p1( i) = 0; p3( i) = 0; p2( i) = - pi;
else
p0( i) = - 7 * sin( 2 * alpha( i) ) /120 + sin( 6 * alpha( i) ) /24 - sin( 8 * alpha( i) ) /60;
p1( i) = 7 * sin( alpha( i) ) /6 - 7 * sin( 3 * alpha( i) ) /30 - 7 * sin( 5 * alpha( i) ) /30 +
sin( 7 * alpha( i) ) /10;
p2( i) = pi - 2 * alpha( i) + sin( 2 * alpha( i) ) /3 + 19 * sin( 4 * alpha( i) ) /30 - sin( 6 *
alpha( i) ) /5;
p3( i) = 4 * sin( alpha( i) ) /3 - 2 * sin( 3 * alpha( i) ) /3 + 2 * sin( 5 * alpha( i) ) /15;
end
end
% contribution made by different components
dhdx = gradient( h - h0, dx) ;
f_t = ( p2 + 2. * p0) . * v_Qf. ^2. /2. /( Ks. ^2. * h. ^( 4. /3) . * pi) ;
f_r = p2. * vdis_Qf. ^2. /( Ks. ^2. * h. ^( 4. /3) . * pi) - p3. * vdis_Qf. ^3. /v_Qf. /( Ks. ^
2. * h. ^( 4. /3) . * pi) ;
f_tr = ( - p1. * v_Qf. * vdis_Qf - 1. 5. * p3. * vdis_Qf. * v_Qf) . /( Ks. ^2. * h. ^( 4. /
3) . * pi) ;
f_total = f_t + f_r + f_tr;
% * * * * * * * * * * * * * * * * plot * * * * * * * * * * * * * * * * * * * *
figure1 = figure;
```

```
subplot( 211)
plot( x, v_Qf, ' − b', x, vdis_Qf, '--r', x, vdis_Qf. /v_Qf, ': k')
grid on
ylim( [ 0 2] )
h1 = legend( ' $ \ it \ upsilon $ ', ' $ U_ \ mathrm{ { r} } $ ', ' $ \ it \ varphi $ ', 'loca-
tion', 'best') ;
    set( h1, 'interpreter', 'latex') ;
    set( gca, 'XTick', 0: 100000: 600000)
    set( gca, 'XTickLabel', { '0', '100', '200', '300', '400', '500', '600'} )
    title( [ ' \ it \ eta \ rm{ _0} \ rm = ', num2str( eta0) , ' m,  \ itQ \ rm{ _f} \ rm = ',
num2str( Q) , …
        ' m^3s^{ − 1},  \ itK \ rm = ', num2str( K1) , ' m^{ 1/3} s^{ − 1},  \ ita \ rm = ',
num2str( a1/1000) , ' km'] )
    subplot( 212)
    plot( x, dhdx, ' − b', x, − f_t, '--r', x, − f_r, ' −. g', x, − f_tr, ': k')
    grid on
    h1 = legend( ' $ − \ overline{ F} = \ partial \ overline{ z}/ \ partial x $ ', ' $ − \ over-
line{ F_ \ mathrm{ t} } $ ', …
        ' $ − \ overline{ F_ \ mathrm{ r} } $ ', ' $ − \ overline{ F_{ \ mathrm{ tr} } } $ ',
'location', 'best') ;
    set( h1, 'interpreter', 'latex') ;
    set( gca, 'XTick', 0: 100000: 600000)
    set( gca, 'XTickLabel', { '0', '100', '200', '300', '400', '500', '600'} )
    xlabel( ' \ itx \ rm/km')
```

第十一章 充分混合型河口盐水入侵解析模型

河口不仅是海洋动力与径流动力相互作用的地带，也是高盐海水被径流所冲淡的区域，因此，盐度的沿程分布与盐水入侵的最大距离与海洋动力（潮汐）、径流动力以及河口地形的关系密不可分。为评估外部动力和地形因素对盐度分布的影响，许多学者，比如 Prandle（1981），Savenije（1986，1989，1993b，2005，2012），Lewis 和 Uncles（2003），Gay 和 O'Donnell（2007，2009）以及 Kuijper 和 Van Rijin（2011）等，都分别提出了预测盐度的解析模型。在充分混合的河口中，这些模型都基于稳态下的盐度守恒方程，方程中的扩散项与平流项平衡，并且将所有的混合机制都集中于有效的扩散系数。笔者在 Savenije（1986，1989，1993b，2005，2012）建立的盐水入侵解析模型基础之上，耦合了潮波传播解析模型（Cai、Savenije 和 Gisen，2016）。

一般地，假设盐水向陆地入侵距的最大距离发生在高潮憩流的时刻，而最小距离则发生在低潮憩流的时刻，因此，潮平均条件下的盐度分布曲线，在涨潮的时刻，会逐渐向陆地平移，而低潮则反之，平移的最大距离是潮程的一半（即水质点从涨潮憩流时刻到低潮憩流时刻期间的位移）。Savenije（2005，2012）认为潮程 E 可以通过以下公式计算得到：

$$E = \frac{2\upsilon}{\omega} \tag{11.1}$$

其中，υ 是流速振幅，ω 是潮汐频率。流速振幅是沿程变化的，因此潮程也是沿程变化的。通过本书介绍的潮波传播解析模型，在给定摩擦、地形和外海边界的潮波振幅和周期条件下，可通过求解 4 个无量纲方程，再现主要的潮动力特征参数（潮波衰减/增大系数，速度振幅，波速和流速 – 水位之间的相位差）的沿程变化。

盐度通量守恒的表达式（如 Savenije，2005，2012）为

$$F = - |Q|S - \overline{A}D\frac{\partial S}{\partial x} \tag{11.2}$$

式中，x 是距河口的距离，涨潮的方向为正，Q 是径流量，S 是潮平均盐度，$\overline{A}$ 是潮平均横截面积，D 是纵向盐度扩散系数，F 是潮平均盐度通量（若为 0，则说明该河段内的总盐量不随时间变化）。式（11.2）右边第一项是平流项，由径流量控制，因此总为负值；第二项表示盐度扩散通量，表明从高盐度区流向低盐度区（$\partial S/\partial x$ 为负）。

对于辐聚型的河口，横截面积可用指数函数描述：

$$\overline{A} = \overline{A_0}\exp\left(- \frac{x}{a}\right) \tag{11.3}$$

式中，$\overline{A_0}$ 是口门处的横截面积，a 是辐聚长度。类似地，潮平均河道宽度 $\overline{B}$ 和水深 $\overline{h}$ 也都

能表示成以下形式：

$$\overline{B} = \overline{B_0}\exp\left(-\frac{x}{b}\right), \quad \overline{h} = \overline{h_0}\exp\left(-\frac{x}{d}\right) \tag{11.4}$$

式中，$\overline{B_0}$ 和 $\overline{h_0}$ 分别是河口口门处潮平均的宽度和水深，b 和 d 分别是宽度和水深的辐聚长度。如果盐度的净通量 $F = 0$，则式（11.2）可进一步改写为

$$\frac{\partial S}{S} = -\frac{|Q|}{\overline{A}D}\partial x \tag{11.5}$$

对于沿程可变的扩散系数 D，可以采用 Van der Buegh（1972）关系式来确定：

$$\frac{\partial S}{\partial x} = -\kappa\frac{|Q|}{A} \tag{11.6}$$

结合式（11.5）和式（11.6），可导出方程

$$\frac{D}{D_0} = \left(\frac{S}{S_0}\right)^{\kappa} \tag{11.7}$$

其中，κ 称为 Van der Buegh 参数。将式（11.3）和式（11.7）代入式（11.5）中，再对其进行积分，可得

$$\frac{S}{S_0} = \left\{1 - \frac{\kappa|Q|a}{\overline{A_0}D_0}\left[\exp\left(\frac{x}{a}\right) - 1\right]\right\}^{1/\kappa} \tag{11.8}$$

引入无量纲参数：

$$S^* = \frac{S}{S_0}, \quad \gamma = \frac{c_0}{\omega a}, \quad D^* = \frac{|Q|c_0}{\overline{A_0}D_0\omega}, \quad x^* = \frac{x\omega}{c_0} \tag{11.9}$$

那么式（11.8）可表示为

$$S^* = \left\{1 - \frac{D^*\kappa}{\gamma}\left[\exp(x^*\gamma) - 1\right]\right\}^{1/\kappa} \tag{11.10}$$

其中，S^* 是标准化后的盐度，γ 是河口形态参数，D^* 是无量纲的扩散系数，ω 是潮波频率，x^* 是无量纲距离。结合式（11.1），高潮憩流和低潮憩流的包络线方程可表示为

$$S_{\text{HWS}}^*(x^*) = S_{\text{TA}}^*\left(x^* + \frac{E^*}{2}\right) \tag{11.11}$$

$$S_{\text{LWS}}^*(x^*) = S_{\text{TA}}^*\left(x^* - \frac{E^*}{2}\right) \tag{11.12}$$

若定义盐水入侵的最大距离在 $S^* = 0$ 的位置，则可以通过式（11.10）计算盐水入侵距离，为

$$L^* = \frac{1}{\gamma}\ln\left(\frac{\gamma}{D^*\kappa} + 1\right) \tag{11.13}$$

或者

$$L = a\ln\left(\frac{\overline{A_0}D_0}{\kappa|Q|a} + 1\right) = a\ln\left(\frac{\overline{B_0}\,\overline{h_0}D_0}{\kappa|Q|a} + 1\right) \tag{11.14}$$

从式（11.8）和式（11.13）可知，河口的盐度分布曲线和入侵距离与河口断面的辐聚长度、口门处的扩散系数以及径流量有关。然而，河口断面辐聚长度的变化周期相对较长，而径流会在较短的时间内发生较大变化，从而使口门处的扩散系数发生较大变

化，因此，与潮波动力不同的是，盐水入侵对径流量的变化十分敏感。

实例分析

以马来西亚 Bernam 河口为例来说明本章盐水入侵解析模型的应用。地形参数方面（见表11.1），Bernam 河口可分成两段，靠近口门的河段主要受波浪控制，辐聚长度较短，地形的辐聚效应较强，而第二段是潮控通道，辐聚长度较长。这两段的交接点距口门距离为 x_1，被当作潮波的入射点，这意味着河口的口外段缺乏潮位数据，因此假定潮波是在一个理想状态下的河口中传播，潮差不变。因此，河口断面面积沿程变化曲线可表示为一个分段函数：

$$
\overline{A} = \begin{cases} \overline{A_0}\exp\left(-\dfrac{x}{a_0}\right), & 0 \leqslant x \leqslant x_1, \\[2mm] \overline{A_1}\exp\left(-\dfrac{x-x_1}{a_1}\right), & x \geqslant x_1 \end{cases} \tag{11.15}
$$

表 11.1　Bernam 河口形态特征参数

x_1/km	$\overline{A_0}$/m²	$\overline{A_1}$/m²	a_0/km	a_1/km	b_0/km	b_1/km	d_0/km	d_1/km	$\overline{h_1}$/m	$<\overline{h}>$/m
4.3	15 800	4 500	3.4	25	2.9	16.7	−19.7	−50.3	3.6	5.2

注：$<\overline{h}>$ 是整段河口平均水深；下标"1"表示潮波入射点的位置，下标"0"表示外海边界。

模型计算还需要给定河口上游边界径流量以及外海开边界潮波动力（潮波振幅和周期），同时给定模型口门处的盐度。模型率定参数包括潮波动力的 Manning-Strickler 摩擦系数 K 和边滩系数 r_s，使模型能够反映潮波传播的过程，然后再调整口门的扩散系数 D_0 和 Van der Burgh 系数 κ，使解析模型输出的盐度值与观测到的盐度值沿程偏离程度最小。

本章提供两个用于反演盐水入侵河段的潮动力的潮波传播解析模型：第一个是设置模型的水深可变（M01），表11.1 中水深辐聚长度是负值，表明水深沿程是增加的；在第二个模型（M02）中，水深是恒定的，此时宽度辐聚长度等于横截面辐聚长度。计算结果分别如图 11.1 和图 11.2 所示，表明模型 M01 和模型 M02 均能重构潮波振幅、涨潮憩流时的盐度以及低潮憩流时的盐度沿程变化，计算结果差异不大。

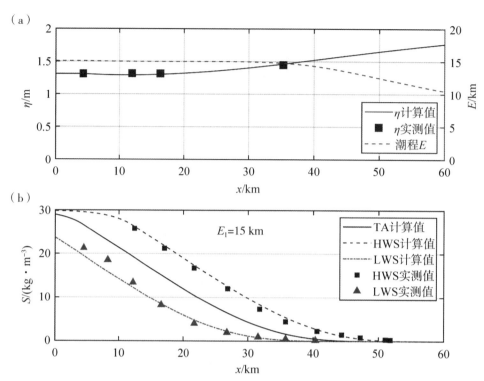

图 11.1　模型 M01 预测的潮波振幅和潮程的沿程变化曲线以及盐度预测

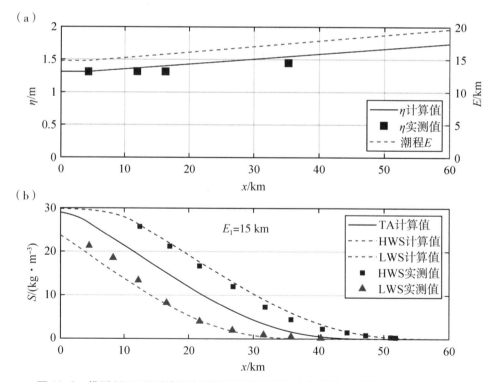

图 11.2　模型 M02 预测的潮波振幅和潮程的沿程变化曲线以及盐度沿程变化预测

附录 11：充分混合型河口盐水入侵解析模型 MATLAB 经典程序

- **模型输入：**

1）口门处断面面积；2）河口断面面积辐聚长度；3）范德伯格系数；4）口门处扩散系数；5）口门处盐度；6）潮程；7）流量。

- **模型输出：**

1）潮平均盐度；2）高潮憩流盐度；3）低潮憩流盐度。

- **模型示例：**

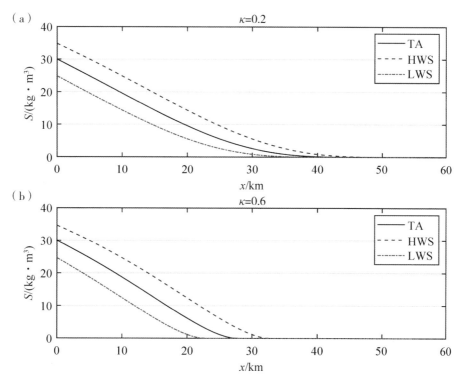

图 A11.1　不同 Van der Burgh 系数条件下盐水入侵曲线变化

- **Matlab 代码：**

➢ 充分混合型河口盐水入侵解析模型（对应图 A11.1）

```
% * * * * * * * * * Analytical model for salt intrusion * * * * * * * * * * * * *
% * * * * * * * * * Output:
%                          S----> salinity（kg/m^3）
% * * * * * * * * * Input:
%               kappa----> Van der Burgh's coefficient
%               A0----> cross-sectional area at the estuary mouth（m）
%               a0----> cross-sectional area convergence length（m）
%               Qf----> river discharge（m^3/s）
```

```
%          S0----> salinity at the estuary mouth ( kg/m^3)
%          D0----> dispersion coefficient at the estuary mouth ( m^2/s)
%          E0----> tidal excursion ( m)
% * * * * * * * * * * * * * * * * * * * * * * * * * * * * * * *
% Author: Huayang Cai ( caihy7@ mail. sysu. edu. cn)
% Date: 03/01/2019
% * * * * * * * * * * * * * * * * * * * * * * * * * * * * * * *
clc, clear
close all
%% Inputs
kappa = [0. 2 0. 6]; % Van der Burgh's coefficient
A0 = 10000; % tidally averaged cross-sectional area at the estuary mouth
a0 = 25000; % cross-sectional area convergence length
Qf = 50; % observed fresh water discharge
S0 = 30; % salinity at the seaward boundary
D0 = 150; % dispersion coefficient at the estuary mouth
E0 = 10000; % tidal excursion
%% computation for salt intrusion
dx = 1000; % distance interval
x = - 10000: dx: 60000; % distance
for j = 1: length( kappa)
for i = 1: length( x)
    D( i, j) = D0 * ( 1 + kappa( j) * a0 * ( - Qf) /( A0 * D0) * ( exp( x( i) /a0) - 1) ) ;
    D( i, j) = max( D( i, j) , 0) ;
    S( i, j) = S0 * ( D( i, j) /D0) ^( 1/kappa( j) ) ;
    E( i, j) = E0;
end
xHWS( :, j) = x' + E( :, j) . /2;
xLWS( :, j) = x' - E( :, j) . /2;
end
% * * * * * * * * * * * * plot * * * * * * * * * * * * * * * * * * *
figure1 = figure;
subplot( 211)
plot( x, S( :, 1) , ' - k')
hold on
plot( xHWS( :, 1) , S( :, 1) , '--b')
hold on
plot( xLWS( :, 1) , S( :, 1) , ' - . r')
```

```
set( gca, 'YGrid', 'on')
ylabel(' \ itS/ \ rm( kg/m^3) ')
set( gca, 'XTick', 0: 10000: 60000)
set( gca, 'XTickLabel', { '0', '10', '20', '30', '40', '50', '60'})
xlim( [ 0 60000] )
legend( 'TA', 'HWS', 'LWS', 'location', 'NE') ;
text( -5000, 38, '( a) ')
title( [ ' \ it \ kappa \ rm = ', num2str( kappa( 1) ) ] )
% %
subplot( 212)
plot( x, S( : , 2) , ' - k')
hold on
plot( xHWS( : , 2) , S( : , 2) , '--b')
hold on
plot( xLWS( : , 2) , S( : , 2) , ' - . r')
set( gca, 'YGrid', 'on')
xlabel(' \ itx \ rm/km')
ylabel(' \ itS \ rm/ \ rm( kg/m^3) ')
set( gca, 'XTick', 0: 10000: 60000)
set( gca, 'XTickLabel', { '0', '10', '20', '30', '40', '50', '60'})
xlim( [ 0 60000] )
text( -5000, 38, '( b) ')
legend( 'TA', 'HWS', 'LWS', 'location', 'NE') ;
title( [ ' \ it \ kappa \ rm = ', num2str( kappa( 2) ) ] )
```

第十二章 耦合径流量预测模块的河口盐水入侵解析模型

河口盐度分布不仅与河道地形有关，还与潮流及径流动力有关。当径流流量较小时，其对潮波传播的影响基本可以忽略，河口水体混合充分，盐度分层无法发育，因此在第十一章中，笔者介绍了一个简单有效且能够用来快速预测充分混合型河口的盐度入侵解析模型。该模型耦合忽略径流影响的潮波传播模块，然而，对于流量较大的河口（如长江河口），径流变化将显著地影响潮波传播，且水体盐度分层较明显，这就需要重新考虑模型中的盐度扩散系数和水动力模块。

这一章将继续采用第十一章中的稳态盐度守恒方程，即式（11.5）。假定盐度扩散系数沿程不变，将式（11.5）沿程积分，并采用式（11.9）中的无量纲参数，可得

$$S^* = \exp\left\{-\frac{D^*}{\gamma}\left[\exp(x^*) - 1\right]\right\} \tag{12.1}$$

但是盐度扩散系数与径流流量有关且沿程变化，故采用 Van der Burgh 方法来描述扩散系数的变化：

$$\frac{\partial D}{\partial x} = -\kappa\frac{|Q|}{A} \tag{12.2}$$

并进一步推导出扩散系数与盐度的关系，即式（11.7），当 $K = 0$ 时，$D = D_0$；当 $K = 1$ 时，D/D_0 与 S/S_0 曲线变化一致。现将 Van der Burgh 方程沿程积分，并将河口横截面积的指数概化方程，即式（11.3），代入可得盐度扩散系数的沿程变化曲线方程：

$$\frac{D}{D_0} = 1 - \frac{\kappa|Q|a}{A_0 D_0}\left[\exp\left(\frac{x}{a}\right) - 1\right] \tag{12.3}$$

类似地，断面平均盐度的沿程变化方程也可写为

$$\frac{S}{S_0} = \left\{1 - \frac{\kappa|Q|a}{A_0 D_0}\left[\exp\left(\frac{x}{a}\right) - 1\right]\right\}^{1/\kappa} \tag{12.4}$$

其无量纲的形式为

$$S^* = \left\{1 - \frac{D^*\kappa}{\gamma}\left[\exp(x^*\gamma) - 1\right]\right\}^{1/\kappa} \tag{12.5}$$

无量纲的盐度水平梯度可通过对式（12.5）求导得到：

$$\frac{\mathrm{d}S^*}{\mathrm{d}x^*} = -S^{*(1-\kappa)}D^*\exp(x^*\gamma) = -\left[1 - \frac{D^*\kappa}{\gamma}\exp(x^*\gamma - 1)\right]^{(1-\kappa)/\kappa}D^*\exp(x^*\gamma) \tag{12.6}$$

在口门处，$S^* = 1, x^* = 0$，由式（12.6）可得无量纲的盐度梯度与无量纲的扩散

系数的负数相等，即 $\mathrm{d}S^*/\mathrm{d}x^* = -D^*$。为得到最大盐度梯度的位置，对式（12.6）再求一次导数：

$$\frac{\mathrm{d}^2 S^*}{\mathrm{d}x^{*2}} = \left[-S^{*-\kappa}\frac{\mathrm{d}S^*}{\mathrm{d}x^*}(\kappa - 1) - S^{*(1-\kappa)}\gamma \right]D^* \exp(x^*\gamma) \tag{12.7}$$

最大盐度梯度的位置可通过设置 $\dfrac{\mathrm{d}^2 S^*}{\mathrm{d}x^{*2}} = 0$ 得到 $x_{\max}^* = \dfrac{1}{\gamma}\ln\left(\dfrac{\gamma}{D^*} + \kappa\right)$；而盐度入侵的最大距离可以通过设置 $S^* = 0$ 求得 $L^* = \dfrac{1}{\gamma}\ln\left(\dfrac{\gamma}{D^*\kappa} + 1\right)$。其中，$L^* = L\omega/c_0$ 是无量纲的盐水入侵距离。无量纲盐水入侵的距离和盐度梯度最大值之间的关系为

$$L^* = x_{\max}^* - \frac{\ln\kappa}{\gamma} \tag{12.8}$$

对式（12.1）和式（12.5）分别进行泰勒展开，若略去三次高阶小量，则两者的主要差别在于二阶项。盐度扩散系数不变的盐水入侵模型为

$$S^* = 1 - D^* x^* + \frac{D^{*2} - D^*\gamma}{2}x^{*2} + o(x^{*3}) \tag{12.9}$$

而盐度扩散系数沿程变化的盐水入侵模型为

$$S^* = 1 - D^* x^* + \frac{D^{*2} - D^*\gamma - D^{*2}\kappa}{2}x^{*2} + o(x^{*3}) \tag{12.10}$$

盐水入侵预测模型［式（12.4）或式（12.5）］还需要通过实测数据校准口门处的盐度扩散系数和 Van der Burgh 系数。如果能够将这两个参数与地形、水动力等特征物理量联系起来，就能够完整地预测断面平均的盐度分布。

Savenije（2005，2012）认为扩散过程是物质在时间和空间上平均的结果，且与其尺度密切相关。河口扩散过程蕴含着因重力环流和潮汐混合导致的盐淡水混合过程。因此，如果能够选取合适的时空尺度（潮周期、潮程、水深、河口的宽度），就有可能将扩散过程和控制盐水入侵的参数联系起来。

Gisen et al.（2015a）通过大量实测数据回归分析得出 κ 和 D_1 的两个预测方程：

$$\kappa = 8.03 \times 10^{-6} \times \frac{B_f^{0.30} g^{0.93} H_1^{0.13} T^{0.97} \pi^{0.71}}{\overline{B_1}^{0.30} C^{0.18} v_1^{0.71} b_1^{0.11} \overline{h_1}^{0.15} r_S^{0.84}} \tag{12.11}$$

$$\frac{D_1}{v_1 E_1} = 0.396\left(\frac{g}{C^2}\right)^{0.21} N_r^{0.57} \tag{12.12}$$

其中，B_f 是指径流控制的河口宽度，$C = K\overline{h_0}^{1/6}$ 为谢才系数，H_1、$\overline{B_1}$、v_1、b_1、$\overline{h_1}$、D_1、E_1 分别是入射点处的潮差、河宽、流速振幅、宽度收敛长度、水深、盐度扩散系数和潮程。如果入射点位于河口口门，那么这些参数取口门处的值。潮程估算公式为 $E_1 = v_1 T/\pi$。河口理查森数 N_r 表示一个潮周期内径流势能与潮动能的比值（Savenije，2005，2012）：

$$N_r = \frac{\Delta\rho}{\rho}\frac{g\overline{h_1}}{v_1^2}\frac{|Q|T}{\overline{A_1}E_1} \tag{12.13}$$

式中，ρ 是水体密度，$\Delta\rho$ 是海水与淡水的密度差，标准海水密度一般为 1 024 kg/m³，因

此河口 $\dfrac{\Delta\rho}{\rho}$ 的值一般为 0.025。$\overline{A}_1$ 是潮波入射点处的截面积。

式（12.13）的应用需要给定径流流量以及受径流流量影响的潮动力参数。而在河口区，径流流量的测量具有一定难度，特别是在双向流动的河段，而水位观测却容易获取。Cai et al.（2014a）创新性地构建了一个通过给定地形参数和河口沿程水位观测数据反向推算径流流量的一维解析模型：

$$Q = \overline{A}U_r, \quad U_r = v\,\frac{-\sigma_2 - \sqrt{\sigma_2^2 - 4\sigma_1\sigma_3}}{2\sigma_1} \tag{12.14}$$

$$\sigma_1 = -\frac{4}{3}\frac{fva\eta}{\overline{h}^2 c\sin\varepsilon} \tag{12.15}$$

$$\sigma_2 = \frac{1}{\eta}\frac{d\eta}{dx}\frac{r_s a\eta}{\overline{h}\sin\varepsilon} - 2\frac{fva}{\overline{h}c} + \left(\frac{1}{\eta}\frac{d\eta}{dx}a - 1\right)\frac{\sqrt{1+\eta/\overline{h}}-1}{\sin\varepsilon} \tag{12.16}$$

$$\sigma_3 = -\frac{fva}{\overline{h}c}\left(\frac{8}{9}\frac{\eta}{\overline{h}}\sin\varepsilon + \frac{2}{9}\frac{\eta}{\overline{h}\sin\varepsilon}\right) - \frac{1}{\eta}\frac{d\eta}{dx}a\left(1 + \frac{g\eta}{cv\sin\varepsilon}\right) \tag{12.17}$$

其中，U_r 是径流流速，v 是流速振幅，η 是潮波振幅，c 是潮波波速，ε 是高潮憩流与高潮位（或低潮憩流与低潮位）之间的相位差，f 是无量纲的摩擦系数，定义为

$$f = \frac{g}{K^2 \overline{h}^{1/3}}\left[1 - \left(\frac{4}{3}\frac{\eta}{\overline{h}}\right)^2\right]^{-1} \tag{12.18}$$

参数 c，v 和 ε 可由 Cai et al.（2014a）文中归纳的 3 个方程（波速方程，尺度方程和相位差方程）计算得到：

$$c = \frac{c_0}{\sqrt{1-\delta(\gamma-\delta)}}, \quad v = \frac{r_s\eta c_0}{\overline{h}}\frac{1}{\sqrt{2\delta^2 - 3\gamma\delta + \gamma^2 + 1}}, \quad \varepsilon = \arctan\frac{\sqrt{1-\delta(\gamma-\delta)}}{\gamma-\delta} \tag{12.19}$$

其中，δ 是无量纲潮波振幅衰减或增加率，可表示为

$$\delta = \frac{1}{\eta}\frac{d\eta}{dx}\frac{c_0}{\omega} \tag{12.20}$$

图 12.1 是通过式（12.14）计算得到的预测径流流量随潮平均水深和潮波衰减率的等值线变化图。值得注意的是，上述估计径流流量的方法仅适用于径流流量较大的河口（如长江），并且河口的潮动力主要由单一分潮波（如 M_2）控制，并不适用于混合潮型河口。

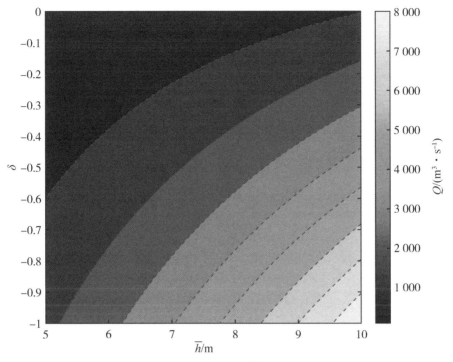

图 12.1 径流流量 Q 随潮平均水深 $\bar{h}$ 和潮波衰减率 δ 的等值线

综上所述，通过水位观测或者从河口沿程多个潮位站得到潮位数据，并估计潮波振幅的衰减系数，以及径流主控区的潮平均水深，采用式（12.14）便可估算径流流量，与此同时，亦可确定盐水入侵解析模型所需的潮动力参数（如潮程）。而本应采用实测盐度数据率定的两个参数——口门处的盐度扩散系数和 Van der Burgh 系数，可通过式（12.11）和式（12.12）确定，最终通过式（12.4）或者式（12.5）实现盐水入侵的预测。图 12.2 是采用本章介绍的解析模型计算得到不同流量条件下盐水入侵曲线及其梯度和二阶导的沿程变化图。由此可见，随着流量增大，盐水入侵距离缩短且其沿程变化快慢和入侵曲线形态均随流量发生较大变化。

实例分析

以长江河口为例来说明本章盐水入侵解析模型的应用（详细应用见 Cai et al.，2016）。首先，根据式（12.14）和长江口实测水位资料预测径流流量的大小；然后，采用第九章中介绍的径流影响下的潮波传播解析模型计算盐水入侵模型所需的潮动力参数（如潮程等）；最后，根据盐水入侵预测式（12.4）计算沿程的盐度分布，计算结果如图 12.3 所示。

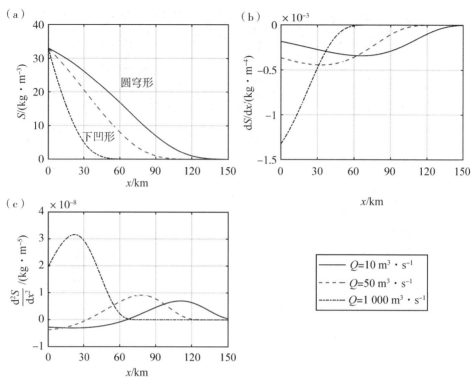

图12.2　当径流流量分别为10 m³/s、50 m³/s和1 000 m³/s时的盐度沿程变化曲线（a）、盐度梯度变化曲线（b）和盐度分布的二阶导数变化曲线（c）

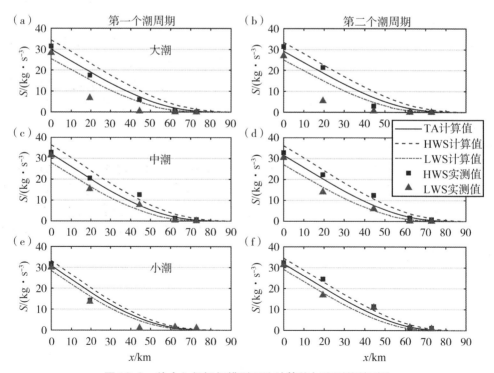

图12.3　盐水入侵解析模型理论计算值与实测值的对比

附录 12：耦合径流量预测模块的河口盐水入侵解析模型 MATLAB 经典程序

- **模型输入：**

1）口门处潮波振幅；2）河口断面面积辐聚长度；3）边滩系数；4）口门处河宽；5）Manning-Strickler 摩擦系数；6）流量。

- **模型输出：**

1）潮程；2）潮波衰减率；3）河口理查森数；4）盐度扩散系数。

- **模型示例：**

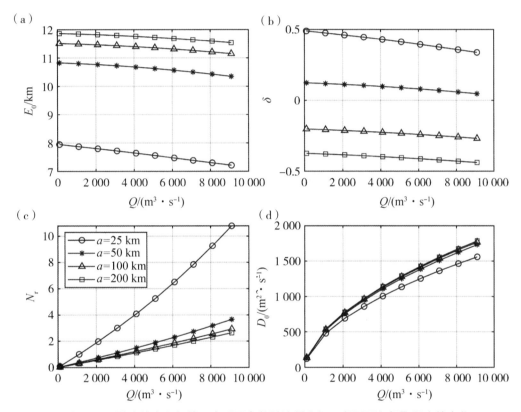

图 A12.1　影响盐水入侵的几个重要参数随流量和河口断面面积辐聚程度的变化

- **Matlab 代码：**

  ➢ 耦合径流量预测模块的河口盐水入侵解析模型（对应图 A12.1）

```
% * * * * * * * * * Analytical model for salt intrusion * * * * * * * * * * * *
% * * * * * * * * * * Output:
%                         E0----> tidal excursion (m)
%                         deltaH----> tidal damping (-)
%                         Nr----> Richardson number (-)
%                         D0----> dispersion coefficient at the mouth (m^2/s)
% * * * * * * * * * * Input:
```

```
%              eta0----> tidal amplitude at the estuary mouth ( m)
%              Q----> river discharge ( m^3/s)
%              a1----> cross-sectional area convergence length ( m)
%              rs----> storage width ratio ( − )
%              K1----> Manning-Strickler coefficient ( m^{1/3} s^{ − 1})
%              h_0----> depth at the estuary mouth ( m)
%              B0----> width at the estuary mouth ( m)
%              T----> tidal period ( s)
% * * * * * * * * * * * * * * * * * * * * * * * * * * * * * * * * * * *
% Author:  Huayang Cai ( caihy7@ mail. sysu. edu. cn)
% Date: 03/01/2019
% * * * * * * * * * * * * * * * * * * * * * * * * * * * * * * * * * * *
clc, clear
close all
% Empirical relationship for dispersion coefficient at the estuary mouth
g = 9. 81;
eta0 = 1;  % tidal amplitude at the estuary mouth
Q = 100: 1000: 10000;  % river discharge
L = 500;  % estuary length
dx = 1000;
a1 = [ 25 * 1000, 50 * 1000, 100 * 1000, 200 * 1000];  % cross-sectional area convergence
rs = 1. 2;  % storage width ratio
K1 = 45;  % Manning-Strickler coefficient
h_0 = 10;  % depth at the estuary mouth
B0 = 5000;  % width at the estuary mouth
T = 12. 42 * 3600;  % tidal period
w = 2 * pi/T;
for j = 1: length( a1)
for i = 1: length( Q)
[ eta_Qf, v, h, delta_Qf, gamma_Z] = f_river_2014( eta0, Q( i) , L, dx, a1( j) , h_0, rs, K1) ;
E = 2. * v. /w;  % tidal excursion
a_new = a1( j) + gamma_Z. * w. /( sqrt( g. * h. /rs) ) ;
Nr( i, j) = 0. 025 * g * h_0 * Q( i) * T/( v( 1) ^2 * h_0 * B0 * E( 1) ) ;  % Richardson num-
ber
D0( i, j) = 0. 396 * ( g/( K1^2 * h_0^( 1/3) ) ) ^0. 21 * Nr( i, j) ^0. 57;
D0( i, j) = D0( i, j) * 2 * v( 1) ^2/w;  % dispersion coefficient at the estuary mouth
V0( i) = v( 1) ;
deltaH( i, j) = delta_Qf( 1) ;  % tidal damping rate
```

```
E0( i, j) = E(1);
A_new( i) = a_new(1);
end
end
% * * * * * * * * * * * * * * * * * * * * * * * * * *
figure1 = figure;
subplot( 'position', [0. 1 0. 57 0. 38 0. 37])
plot( Q, E0( : ,1)/1000, ' - ob', Q, E0( : ,2)/1000, ' - * b', Q, E0( : ,3)/1000, ' - ^b',
Q, E0( : ,4)/1000, ' - sb')
    grid on
    ylabel( ' \ itE \ rm{_0} \ rm/km')
    subplot( 'position', [0. 59 0. 57 0. 38 0. 37])
    plot( Q, deltaH( : ,1), ' - ob', Q, deltaH( : ,2), ' - * b', Q, deltaH( : ,3), ' - ^b', Q,
deltaH ( : ,4), ' - sb')
    grid on
    ylabel( ' \ it \ delta')
    subplot( 'position', [0. 1 0. 10 0. 38 0. 37])
    plot( Q, Nr( : ,1), ' - ob', Q, Nr( : ,2), ' - * b', Q, Nr( : ,3), ' - ^b', Q, Nr( : ,4), ' - sb')
    xlabel( ' \ itQ \ rm/( m^{3}s^{ -1})')
    ylabel( ' \ itN \ rm{_r}')
    grid on
    legend1 = legend( [ ' \ ita \ rm = ', num2str( a1(1)./1000), ' km'], [ ' \ ita \ rm = ',
num2str ( a1(2)./1000), ' km'], ...
        [ ' \ ita \ rm = ', num2str( a1(3)./1000), ' km'], [ ' \ ita \ rm = ', num2str( a1(4)./
1000), ' km'], 'location', 'Northwest');
    subplot( 'position', [0. 59 0. 10 0. 38 0. 37])
    plot( Q, D0( : ,1), ' - ob', Q, D0( : ,2), ' - * b', Q, D0( : ,3), ' - ^b', Q, D0( : ,4),
' - sb')
    xlabel( ' \ itQ \ rm/( m^{3}s^{ -1})')
    ylabel( ' \ itD \ rm{_0} \ rm/( m^2 s^{ -1})')
    grid on
    annotation( figure1, 'textbox', 'String', { '( a)'}, 'FitHeightToText', 'off', ...
        'EdgeColor', 'none', ...
        'Position', [0. 01769 0. 9109 0. 0449 0. 05195]);
    annotation( figure1, 'textbox', 'String', { '( c)'}, 'FitHeightToText', 'off', ...
        'EdgeColor', 'none', ...
        'Position', [0. 01769 0. 4378 0. 0449 0. 05195]);
    annotation( figure1, 'textbox', 'String', { '( b)'}, 'FitHeightToText', 'off', ...
```

```
        'EdgeColor', 'none', …
        'Position', [0. 5086 0. 9109 0. 0449 0. 05195]);
annotation( figure1, 'textbox', 'String', {'( d)'}, 'FitHeightToText', 'off', …
        'EdgeColor', 'none', …
        'Position', [0. 5086 0. 4378 0. 0449 0. 05195];
```

第十三章　经典的线性潮波理论推导

1. 问题的提出

经典的线性潮波理论基于概化的地形和简化的动力条件求得解析解。模型假定河口潮平均的横截面积 $\overline{A}$ 和河宽 $\overline{B}$ 可由指数公式描述（Savenije，2005，2012）：

$$\overline{A} = \overline{A_0}\exp(-x/a), \quad \overline{B} = \overline{B_0}\exp(-x/b) \tag{13.1}$$

式中，x 表示距口门的距离，a 和 b 分别表示横截面积和河宽的辐聚长度，下标 0 表示口门处的值。模型还假定河口横截面为矩形断面，因此，潮平均水深为 $\overline{h} = \overline{A}/\overline{B}$。而潮滩的影响由边滩系数来称量，定义为 $r_\mathrm{S} = B_\mathrm{S}/\overline{B}$，即满槽宽度 B_S 和平均宽度 $\overline{B}$ 的比值。

在欧拉体系下，线性潮波理论一般采用如下公式描述自由水面水位 z 和断面平均流速 U 的时空变化：

$$z = \eta\cos(\omega t - kx) \tag{13.2}$$

$$U = \upsilon\cos(\omega t - kx - \varphi) \tag{13.3}$$

式中，t 表示时间，η 和 υ 分别表示水位和流速的振幅，ω 和 k 分别表示潮波的频率和波数，φ 表示水位和流速之间的相位差。

2. 基本控制方程

一维潮波的基本控制方程为质量守恒和动量守恒方程（如 Toffolon 和 Savenije，2011）：

$$r_\mathrm{S}\frac{\partial h}{\partial t} + U\frac{\partial h}{\partial x} + h\frac{\partial U}{\partial x} + \frac{hU}{B}\frac{dB}{dx} = 0 \tag{13.4}$$

$$\frac{\partial U}{\partial t} + g\frac{\partial z}{\partial x} + F_\mathrm{L} = 0 \tag{13.5}$$

式中，g 为重力加速度，F_L 是采用洛伦兹方法线性化的摩擦项（Lorentz，1926），其表达式为

$$F_\mathrm{L} = \frac{8}{3\pi}f\frac{\upsilon}{h}U \tag{13.6}$$

$$f = g/(K^2\overline{h}^{1/3}) \tag{13.7}$$

式中，f 是无量纲的摩擦参数，K 是 Manning-Strickler 摩擦因子，水位变化的表达式为 $z = h - \overline{h}$。在潮汐振幅较小的情况下，可以得出：

$$U\frac{\partial h}{\partial x} = U\frac{\partial(z + \overline{h})}{\partial x} = U\frac{\partial z}{\partial x} + \frac{\overline{h}U}{\overline{h}}\frac{\partial\overline{h}}{\partial x} \approx U\frac{\partial z}{\partial x} + \frac{hU}{h}\frac{\partial\overline{h}}{\partial x} \tag{13.8}$$

其中，最后的约等式只适用于 $z/\overline{h}$ 较小的情况。将式（13.8）代入式（13.4）中，并利用式（13.1），可以得出以下方程：

$$r_{\mathrm{S}} \frac{\partial z}{\partial t} + U \frac{\partial z}{\partial x} + h \frac{\partial U}{\partial x} - \frac{hU}{a} = 0 \qquad (13.9)$$

式（13.9）的优点在于潮平均横截面积的收敛长度已经包含了水深的收敛长度。非线性项 $U\partial z/\partial x$ 在潮波振幅较小的情况下是可以忽略不计的。因此，式（13.9）可以修正为

$$r_{\mathrm{S}} \frac{\partial z}{\partial t} + h \frac{\partial U}{\partial x} - \frac{hU}{a} = 0 \qquad (13.10)$$

3. 方程的无量纲化

与 Savenije et al.（2008）的使用方法类似，可通过将适当的比例参数引入式（13.5）和式（13.10）来获得无量纲方程，其中，上标为星号，这表示无量纲变量：

$$U^{*} = U/v_{0}, \ h^{*} = h/\overline{h}, \ z^{*} = z/\eta_{0}, \ x^{*} = x\frac{2\pi}{L}, \ t^{*} = t\frac{2\pi}{T} \qquad (13.11)$$

其中，η_0 和 v_0 分别为河口的潮波振幅和流速振幅，L 和 T 分别代表波长和潮波周期。潮波流速振幅和水位波动的比例参数和 Savenije et al.（2008）所使用的方法略有不同，因为他们使用的是口门处的数值。对于无限长河口，流速振幅和潮波振幅随距离的变化率相等，即

$$\frac{1}{v} \frac{\partial v}{\partial x} = \frac{1}{\eta} \frac{\partial \eta}{\partial x} \qquad (13.12)$$

这表明流速振幅和潮波振幅的比值为定值，即

$$\frac{v}{\eta} = \frac{v_{0}}{\eta_{0}} \qquad (13.13)$$

利用式（13.13）的假设，式（13.5）和式（13.10）可以改写为

$$\frac{\partial U^{*}}{\partial t^{*}} + \left(\frac{g\eta T}{vL}\right) \frac{\partial z^{*}}{\partial x^{*}} + \left(\frac{8}{3\pi} \frac{vTf}{2\pi\overline{h}}\right) U^{*} = 0 \qquad (13.14)$$

$$\frac{\partial z^{*}}{\partial t^{*}} + \left(\frac{\overline{h}vT}{\eta L r_{\mathrm{S}}}\right) h^{*} \frac{\partial U^{*}}{\partial x^{*}} - \left(\frac{\overline{h}vT}{2\pi\eta a r_{\mathrm{S}}}\right) h^{*} U^{*} = 0 \qquad (13.15)$$

流度振幅 v 和波长 L 的真实量级以无摩擦矩形河道（U_0，L_0）中潮波的对应值作为参考，即

$$v = U_{0}\mu \qquad (13.16)$$

$$L = L_{0}/\lambda \qquad (13.17)$$

在这里，引入未知的无量纲流速参数 μ 和波速参数 λ。此外，无量纲潮汐振幅参数 ζ 定义为

$$\zeta = \eta/\overline{h} \qquad (13.18)$$

对于无摩擦矩形河口，经典的波速 c_0、流速振幅 U_0 以及波长 L_0 分别定义为

$$c_{0} = \sqrt{gh/r_{\mathrm{S}}} \qquad (13.19)$$

$$U_{0} = \zeta c_{0} r_{\mathrm{S}} \qquad (13.20)$$

$$L_{0} = c_{0} T \qquad (13.21)$$

假设式（13.15）中的 $h^{*} = 1$（即 $h = \overline{h}$），那么式（13.14）和式（13.15）为

$$\frac{\partial U^{*}}{\partial t^{*}} + \frac{\lambda}{\mu} \frac{\partial z^{*}}{\partial x^{*}} + \frac{8}{3\pi} \mu\chi U^{*} = 0 \qquad (13.22)$$

$$\frac{\partial z^*}{\partial t^*} + \mu\lambda \frac{\partial U^*}{\partial x^*} - \mu\gamma U^* = 0 \tag{13.23}$$

其中，无量纲参数 χ 和 γ 分别为河口摩擦参数和形状参数，表达式为

$$\chi = r_S f \frac{c_0}{\omega h} \zeta \tag{13.24}$$

$$\gamma = \frac{c_0}{\omega a} \tag{13.25}$$

对应的流速参数和波速参数的表达式为

$$\mu = \frac{1}{r_S} \frac{\upsilon}{\zeta c_0} \tag{13.26}$$

$$\lambda = \frac{L_0}{L} = \frac{c_0}{c} \tag{13.27}$$

4. 经典线性理论的解析解

仅考虑主要分潮（如 M_2）的传播过程，其流速和水位的理论表达式为：

$$U^* = V^* \exp(\mathrm{i} t^*) , \ z^* = A^* \exp(\mathrm{i} t^*) \tag{13.28}$$

其中，V^*、A^* 和 i 分别为流速、水位的复数表达以及虚数单位 $\sqrt{-1}$。

将式（13.28）代入式（13.22）和式（13.23）中，可得

$$\mathrm{i} V^* + \frac{\lambda}{\mu} \frac{\partial A^*}{\partial x^*} + \frac{8}{3\pi} \chi\mu V^* = 0 \tag{13.29}$$

$$\mathrm{i} A^* + \mu\lambda \frac{\partial V^*}{\partial x^*} - \mu\gamma V^* = 0 \tag{13.30}$$

引入经典的指数衰减方程，即假设潮波振幅和流速振幅的解可由以下公式表示：

$$A^*(x^*) = \exp(\delta x^*/\lambda) \exp(-\mathrm{i} x^*) \tag{13.31}$$

$$V^*(x^*) = \exp(\delta x^*/\lambda) \exp[-\mathrm{i}(x^* + \varphi)] \tag{13.32}$$

其中，潮波衰减参数为

$$\delta = \frac{1}{\eta} \frac{\partial \eta}{\partial x} \frac{c_0}{\omega} \tag{13.33}$$

将式（13.31）和式（13.32）分别代入式（13.22）式（13.23）中，得到以下动量和连续守恒方程：

$$\frac{\exp(\mathrm{i}\varphi)}{\mu} = \frac{-\lambda + 8\mu\chi\delta/(3\pi)}{-\lambda^2 - \delta^2} + \mathrm{i}\frac{\delta + 8\mu\chi\lambda/(3\pi)}{-\lambda^2 - \delta^2} \tag{13.34}$$

$$\frac{\exp(\mathrm{i}\varphi)}{\mu} = \lambda + \mathrm{i}(\delta - \gamma) \tag{13.35}$$

分别提取式（13.34）和式（13.35）的实部和虚部，可得

$$\frac{-\lambda + 8\mu\chi\delta/(3\pi)}{-\lambda^2 - \delta^2} = \lambda \tag{13.36}$$

$$\frac{\delta + 8\mu\chi\lambda/(3\pi)}{-\lambda^2 - \delta^2} = \delta - \gamma \tag{13.37}$$

将式（13.36）和式（13.37）分别乘以 λ 和 δ，然后两式相加，可得

$$\lambda^2 = 1 - \delta(\gamma - \delta) \tag{13.38}$$

同样地，将式（13.36）和式（13.37）分别乘以 δ 和 λ，然后两式相加，可得

$$\delta = \frac{\gamma}{2} - \frac{4}{3\pi} \frac{\chi\mu}{\lambda} \tag{13.39}$$

利用式子 $\exp(i\varphi) = \cos\varphi + i \cdot \sin\varphi$，由式（13.35）可得流速与水位之间的相位差为

$$\tan\varphi = \frac{\delta - \gamma}{\lambda} \tag{13.40}$$

同样地，可由式（13.35）得

$$\mu = \cos\varphi/\lambda = \sin\varphi/(\delta - \gamma) \tag{13.41}$$

对于简谐波，高潮憩流和高潮位（或低潮憩流和低潮位）之间的相位差为 $\varepsilon = \pi/2 - \varphi$，因此式（13.40）和式（13.41）可以分别改写为

$$\tan\varepsilon = \frac{\lambda}{\gamma - \delta} \tag{13.42}$$

$$\mu = \frac{\sin\varepsilon}{\lambda} = \frac{\cos\varepsilon}{\gamma - \delta} \tag{13.43}$$

值得注意的是，式（13.42）和式（13.43）是由连续守恒方程得到的，而式（13.38）和式（13.39）是由连续守恒方程和动量守恒方程得到的。

式（13.38）、式（13.39）、式（13.42）和式（13.43）共同组成 1 个包含 4 个方程的隐式方程组，它们可以通过数值迭代方法（如简单牛顿迭代法）求解。利用三角函数 $\cos^{-2}\varepsilon = 1 + \tan^2\varepsilon$，式（13.42）和式（13.43）可以联立消除变量 ε，得到

$$(\gamma - \delta)^2 = \frac{1}{\mu^2} - \lambda^2 \tag{13.44}$$

于是 4 个方程减少为 3 个方程。

符　　号

本书所用的主要符号如下：

a　河口横截面积辐聚长度［L］

$\overline{A}$　河口横截面积［L^2］

$\overline{A_0}$　口门处横截面积［L^2］

$\overline{A_r}$　河流上游端横截面积［L^2］

b　河宽辐聚长度［L］

$\overline{B}$　河宽［L］

$\overline{B_0}$　口门处河宽［L］

$\overline{B_r}$　河流上游端河宽［L］

c　潮波传播速度［LT^{-1}］

c_0　无摩擦矩形河口潮波传播速度［LT^{-1}］

C　谢才系数［$L^{0.5}T^{-1}$］

D　盐度扩散系数［L^2T^{-1}］

D_0　口门处盐度扩散系数［L^2T^{-1}］

E　潮程［L］

F　摩擦力（第十章）［$MT^{-2}L^{-2}$］

F　盐度通量（第十一和十二章）［MT^{-1}］

g　重力加速度［LT^{-2}］

h　水深［L］

$\overline{h}$　潮平均水深［L］

$\overline{h_0}$　口门处潮平均水深［L］

K　Manning-Strickler 摩擦系数［$L^{-1/3}T^{-1}$］

L　盐水入侵距离［L］

L_e　河口长度［L］

N_r　河口理查森数［1］

Q　流量［L^3T^{-1}］

r_S　边滩系数［1］

s　盐度［ML^{-3}］

S　余水位坡度［1］

t　时间［T］

T　潮周期［T］

U 断面平均流速 $[LT^{-1}]$

U_r 河流流速 $[LT^{-1}]$

x 距口门处距离 $[L]$

z 水位 $[L]$

$\bar{z}$ 余水位 $[L]$

γ 河口形态参数 $[1]$

δ 潮波衰减/增大参数 $[1]$

ε 高潮位和高潮憩流或低潮位和低潮憩流之间的相位差 $[1]$

η 潮波振幅 $[L]$

λ 波速参数 $[1]$

μ 流速振幅参数 $[1]$

ρ 水体密度 $[ML^{-3}]$

υ 流速振幅 $[LT^{-1}]$

χ 摩擦参数 $[1]$

ω 潮波频率 $[T^{-1}]$

简写：

LWS low water slack 低潮憩流

HWS high water slack 高潮憩流

LW low water 低潮

HW high water 低潮

TA tidal average 潮平均

参 考 文 献

CAI H Y. 2014. A new analytical framework for tidal propagation in estuaries [D]. Delft: Delft University of Technology. http://repository. tudelft. nl/view/ir/uuid: b3e7f2ab – b250 – 40ab – a353 – d71377b6b73d/.

CAI H Y, SAVENIJE H H G. 2013. Asymptotic behavior of tidal damping in alluvial estuaries [J]. Journal of Geophysical Research, 118: 1 – 16. https://doi. org/10. 1029/2012JC 008000.

CAI H Y, SAVENIJE H H G, Gisen J I A. 2016. A coupled analytical model for salt intrusion and tides in alluvial estuaries [J]. Hydrological Sciences Journal, 61: 402 – 419.

CAI H Y, SAVENIJE H H G, JIANG C J. 2014. Analytical approach for predicting fresh water discharge in an estuary based on tidal water level observations [J]. Hydrology and Earth System Sciences, 18 (10): 4153 – 4168.

CAI H Y, SAVENIJE H H G, JIANG C J, et al. 2016. Analytical approach for determining the mean water level profile in an estuary with substantial fresh water discharge [J]. Hydrology and Earth System Sciences, 20: 1 – 19.

CAI H Y, SAVENIJE H H G, TOFFOLON M. 2012. A new analytical framework for assessing the effect of sea-level rise and dredging on tidal damping in estuaries [J]. Journal of Geophysical Research, 117 (C9).

CAI H Y, SAVENIJE H H G, TOFFOLON M. 2014a. Linking the river to the estuary: influence of river discharge on tidal damping [J]. Hydrology and Earth System Sciences, 18: 287 – 304.

CAI H Y, SAVENIJE H H G, TOFFOLON M. 2014b. Analytical approach for predicting fresh water discharge in an estuary based on tidal water level observations [J]. Hydrology and Earth System Sciences, 18: 4153 – 4168.

CAI H Y, SAVENIJE H H G, ZUO S H, et al. 2015. A predictive model for salt intrusion in estuaries applied to the Yangtze estuary [J]. Journal of Hydrology, 529: 1336 – 1349.

CAI H Y, TOFFOLON M, SAVENIJE H H G. 2016. An analytical approach to determining resonance in semi-closed convergent tidal channels [J]. Coastal Engineering Journal, 58 (3): 1650009.

CAI H Y, TOFFOLON M, SAVENIJE H H G, et al. 2018. Frictional interactions between tidal constituents in tide-dominated estuaries [J]. Ocean Science, 14: 769 – 782.

DOODSON A T. 1924. Perturbations of harmonic tidal constants [M]. London: Proceedings of the Royal Society: 513 – 526.

DRONKERS J J. 1964. Tidal Computations in Rivers and Coastal Waters [M]. New York: Elsevier.

FANG G H. 1987. Nonlinear effects of tidal friction [J]. Acta Oceanologica Sinica, 6 (S1): 105 – 122.

FRIEDRICHS C T. 2010. Barotropic tides in channelized estuaries [J]. Contemporary Issues in Estuarine Physics: 27 – 61.

FRIEDRICHS C T, Aubrey D G. 1994. Tidal Propagation in Strongly Convergent Channels [J]. Journal of Geophysical Research, 99 (C2): 3321 – 3336.

GAY P S, O'DONNELL J. 2007. A simple advection-dispersion model for the salt distribution in linearly tapered estuaries [J]. Journal of Geophysical Research, 112 (C7).

GAY P, O'DONNELL J. 2009. Comparison of the salinity structure of the Chesapeake Bay, the Delaware Bay and Long Island Sound using a linearly tapered advection-dispersion model [J]. Estuaries and Coasts, 32 (1): 68 – 87.

GISEN J I A, SAVENIJE H H G, NIJZINK R C. 2015. Revised predictive equations for salt intrusion modelling in estuaries [J]. Hydrology and Earth System Sciences, 19 (6): 2791 – 2803.

GODIN G. 1991. Compact approximations to the bottom friction term for the study of tides propagating in channels [J]. Continental Shelf Research, 11: 579 – 589.

GODIN G. 1999. The propagation of tides up rivers with special considerations on the upper Saint Lawrence river [J]. Estuarine Coastal and Shelf Science, 48: 307 – 324.

GREEN G. 1837. On the motion of waves in a variable canal of small depth and width [J]. Mathematical Proceedings of the Cambridge Philosophical Society, 6: 457 – 462.

HEAPS N S. 1978. Linearized vertically-integrated equation for residual circulation in coastal seas [J]. Deutsche Hydrographische Zeitschrift, 31: 147 – 169.

HUNT J N. 1964. Tidal oscillations in estuaries [J]. Geophysical Journal of the Royal Astronomical Society, 8 (4): 440 – 455.

INOUE R., GARRETT C. 2007. Fourier representation of quadratic friction [J]. Journal of Physical Oceanography, 37: 593 – 610.

IPPEN A T. 1966. Tidal dynamics in estuaries, part I: Estuaries of rectangular section, in Estuary and Coastline Hydrodynamics [M]. New York: McGraw-Hill.

JAY D A. 1991. Green's law revisited: tidal long-wave propagation in channels with strong topography [J]. Journal of Geophysical Research, 96 (C11): 20585 – 20598.

JEFFREYS H. 1970. The Earth: Its Origin, History and Physical Constitution [M]. 5th ed. Cambridge, UK: Cambridge University Press.

KUIJPER K, VAN RIJN L C. 2011. Analytical and numerical analysis of tides and salinities in estuaries; part II: salinity distributions in prismatic and convergent tidal channels [J]. Ocean Dynamics, 61 (11): 1743 – 1765.

LEWIS R E, UNCLES R J. 2003. Factors affecting longitudinal dispersion in estuaries of different scale [J]. Ocean Dynamics, 53 (3): 197 – 207.

LORENTZ H A. 1926. Verslag staatcommissie zuiderzee 1918 – 1926 [M]. The Hague: Gov. Zuiderzee Comm. , Alg. Landsdrukkerij.

PILLSBURY G B. 1956. Tidal Hydraulics [M]. Vicksburg: Army Corps of Engineers: 264.

PINGREE R D. 1983. Spring tides and quadratic friction [J]. Deep Sea Research Part A Oceanographic Research Papers, 30 (9): 929 – 944.

PRANDLE D. 1981. Salinity intrusion in estuaries [J]. Journal of Physical Oceanography, 11 (10): 1311 – 1324.

PRANDLE D. 1985. Classification of tidal response in estuaries from channel geometry [J]. Geophysical Journal of the Royal Astronomical Society, 80 (1): 209 – 221.

PRANDLE D, RAHMAN M. 1980. Tidal response in estuaries [J]. Journal of Physical Oceanography, 10 (10): 1552 – 1573.

PROUDMAN J. 1953. Dynamical oceanography [M]. London: Methuen.

SAVENIJE H H G. 1986. A one-dimensional model for salinity intrusion in alluvial estuaries [J]. Journal of Hydrology, 85 (1/2): 87 – 109.

SAVENIJE H H G. 1989. Salt intrusion model for high-water slack, low-water slack, and mean tide on spread sheet [J]. Journal of Hydrology, 107 (1): 9 – 18.

SAVENIJE H H G. 1992. Lagrangian solution of St Venants equations for alluvial estuary [J]. Journal of Hydraulic Engineering, 118 (8): 1153 – 1163.

SAVENIJE H H G. 1993a. Determination of estuary parameters on basis of a Lagrangian analysis [J]. Journal of Hydraulic Engineering, 119 (5): 628 – 642.

SAVENIJE H H G. 1993b. Predictive model for salt intrusion in estuaries [J]. Journal of Hydrology, 148 (1): 203 – 218.

SAVENIJE H H G. 1998. Analytical expression for tidal damping in alluvial estuaries [J]. Journal of Hydraulic Engineering, 124 (6): 615 – 618.

SAVENIJE H H G. 2001. A simple analytical expression to describe tidal damping or amplification [J]. Journal of Hydrology, 243 (3/4): 205 – 215.

SAVENIJE H H G. 2005. Salinity and tides in alluvial estuaries [M]. Amsterdam: Elsevier.

SAVENIJE H H G. 2012. Salinity and tides in alluvial estuaries [M]. 2nd ed. https://salinityandtides. com/.

SAVENIJE H H G, VELING E J M. 2005. Relation between tidal damping and wave celerity in estuaries [J]. Journal of Geophysical Research, 110: C04007.

SAVENIJE H H G, TOFFOLON M, HAAS J, et al. 2008. Analytical description of tidal dynamics in convergent estuaries [J]. Journal of Geophysical Research, 113: C10025.

TOFFOLON M, SAVENIJE H H G. 2011. Revisiting linearized one-dimensional tidal propagation [J]. Journal of Geophysical Research, 116: C07007.

VAN DER BURGH P. 1972. Ontwikkeling van een methode voor het voorspellen van zoutverdelingen in estuaria, kanalen en zeeen [R]. Rijkswaterstaat Deltadienst.

VAN RIJN L C. 2011. Analytical and numerical analysis of tides and salinities in estuaries: part I: tidal wave propagation in convergent estuaries [J]. Ocean Dynamics, 61 (11): 1719 – 1741.

WINTERWERP J C, WANG Z B. 2013. Man-induced regime shifts in small estuaries-I: theory [J]. Ocean Dynamics, 63 (11/12): 1279 – 1292.